液体燃料

——费托催化剂的制备原理

张玉兰　编

化学工业出版社
·北京·

本书以费托反应过程中的液体燃料选择性为评价指标，从不同形貌和结构的设计制备为出发点，探讨了孔尺寸和助剂对催化剂在费托反应过程中性能的影响机理。本书分为8章，分别是费托合成技术的发展、费托催化剂的制备及性能概述、助剂引入的多孔铁基微球、孔尺寸可控的 Fe_3O_4 微球、Ag引入的铁基催化剂、孔尺寸可控的铁基纺锤形催化剂、Fe_2O_3@MnO_2 纺锤形催化剂及 Fe_2O_3@SiO_2@MnO_2 双壳催化剂的制备及费托性能。

本书注重材料性能和反应机理的介绍，有助于启发新型催化剂的设计制备，可供从事费托性能研究及催化相关领域科学研究的研究生和科技工作者参考。

图书在版编目（CIP）数据

液体燃料：费托催化剂的制备原理/张玉兰编．—北京：化学工业出版社，2019.7
ISBN 978-7-122-35021-3

Ⅰ.①液…　Ⅱ.①张…　Ⅲ.①液体燃料-制备-催化剂-研究　Ⅳ.①TQ517.4

中国版本图书馆CIP数据核字（2019）第171301号

责任编辑：金　杰　李玉晖　杨　菁　　　装帧设计：张　辉
责任校对：边　涛

出版发行：化学工业出版社（北京市东城区青年湖南街13号　邮政编码100011）
印　　装：北京虎彩文化传播有限公司
710mm×1000mm　1/16　印张8¾　字数210千字　2019年11月北京第1版第1次印刷

购书咨询：010-64518888　　售后服务：010-64518899
网　　址：http://www.cip.com.cn
凡购买本书，如有缺损质量问题，本社销售中心负责调换。

定　　价：39.00元

前言

随着中国经济社会的持续快速发展，石油资源的日益枯竭，燃油实际需求量的增长，CO_2 减排压力的增加，非石油途径获得一种新的环境友好的燃料油合成路线以代替石油路线获得燃料油的研究成为研究者关注的热点。费托合成是一种能够把 $CO+H_2$（合成气）转化成长链碳氢化合物、清洁的车用及航空燃料、化学品的技术，且费托合成产物燃油是不含硫化物、氮化物的环境友好型燃油。在基于生物质资源的新能源战略中，合成气可通过热解技术从储量丰富、分布广泛、CO_2“零排放”的可再生能源生物质能中获取。通过费托技术从非石油资源中获取液体燃料的研究，是发展含碳资源高效利用的有效途径，对于开发利用我国丰富的生物质资源（我国每年的农作物秸秆资源总量高达 7.5 亿吨以上）、缓解化石液体燃料供应压力、降低粉尘等污染物及 CO_2 排放、保障能源安全及环境保护等具有极其重要的作用。在能源、气候、环境问题面临严重挑战的今天，大力发展生物质能源是符合国际发展趋势的，对维护我国能源安全及环境保护意义重大。

本书主要内容包括助剂引入的多孔铁基微球、由活性氧化物自组装而成的孔尺寸可控的 Fe_3O_4 微球、Ag 引入的铁基催化剂、孔尺寸可控的铁基纺锤形催化剂、Fe_2O_3@MnO_2 纺锤形催化剂及 Fe_2O_3@SiO_2@MnO_2 双壳催化剂的设计制备。需要特别指出的是，上述催化剂均是多孔材料，孔是活性氧化物在自组装过程中构成的间隙孔。此种孔结构的形成不仅能起到分散活性金属的作用，也能起到运输反应物和产物的作用，还能够避免引入多孔载体导致的强的载体与活性组元的相互作用。本书分别展开介绍了上述6种催化剂在给定费托反应条件下的催化活性及液体燃料的选择性能，在此过程中分别介绍了孔尺寸及助剂对催化性能的影响机理。本书在编写过程中参考了有关的文献，在此向这些文献的作者致以衷心的感谢。

感谢贵州理工学院高层次人才科研启动经费项目对本书出版提供的资金支持。

由于编者的学识水平和时间有限，疏漏之处在所难免，敬请读者批评指正，不胜感激。

编者

2019年10月

目录

第1章 费托合成技术的发展

第2章 费托催化剂的制备及性能概述

第3章 助剂引入的多孔铁基微球的制备及费托性能

第4章 孔尺寸可控的Fe_3O_4微球的制备及费托性能

第5章 Ag引入的铁基催化剂的制备及费托性能

第6章 孔尺寸可控的铁基纺锤形催化剂的制备及费托性能

第7章 Fe_2O_3@MnO_2纺锤形催化剂的制备及其费托性能

第8章 Fe_2O_3@SiO_2@MnO_2双壳催化剂的制备及费托性能

参考文献

第1章　费托合成技术的发展

我国能源结构的特点为“煤多油少”。中国是仅次于美国的第二大石油消费国，同时也是世界上第一大石油净进口国。石油需求量随着国民经济的持续发展势必呈扩大趋势。国民经济的可持续性发展很大程度上依赖于清洁液体燃料的供给能力。此外，燃料是国家战略安全得以保障的基础之一。随着国民经济的快速发展，石油供不应求的矛盾日益突出，缓解石油危机、优化能源结构已经迫在眉睫。以煤和石油为代表的化石燃料是当前使用的主要能源，而且在相当长的历史时期内很难改变，这意味着开发替代能源将成为必然趋势。

费托合成反应是一种能够把从天然气、煤或生物质中获取的合成气（$CO+H_2$）转变为清洁的液体燃料或化学品的非均相催化过程（Yamashita et al.，2005，Greene et al.，1999，Srinivas et al.，2006，Alleman et al.，2002）。采用费托技术合成的产物主要为无氮和无硫的高品质的液体燃料，如柴油燃料。相比于石油基燃料，此种燃料为环境友好型燃料，更能够满足日益严苛的环境规则（Eilers et al.，1990，Knottenbelt et al.，2002）。除了液体燃料以外，通过费托技术也能把合成气直接转换为 C_2～C_4 低碳烯烃。因此，费托合成是一种可以把非石油资源的合成气转变成超纯燃料或有价值的化学物质的关键技术。开发高活性和高选择性的新型催化剂尤其是后者是提高费托技术的关键，对于推进费托合成技术在我国的工业应用具有非常重要的意义。

1.1 费托合成技术的发展简史

费托合成技术是由德国科学家Frans Fischer和Hans Tropsch首次提出的（Fischer et al.，1926）。费托合成过程一般包含以下反应：

$$(2n+1)H_2+nCO \longrightarrow C_nH_{2n+2}+nH_2O \tag{1.1}$$

$$2nH_2+nCO \longrightarrow C_nH_{2n}+nH_2O \tag{1.2}$$

上述两个反应均为放热反应（$\Delta H=-165\sim-204kJ/mol_{co}$）。除了烷烃和烯烃外，费托反应过程中也会形成含氧有机物（式1.3）。对铁基费托催化剂而言通常也会发生水煤气转换反应（式1.4）。

$$2nH_2+nCO \longrightarrow C_nH_{2n+2}O+(n-1)H_2O \tag{1.3}$$

$$CO+H_2O \longrightarrow CO_2+H_2 \tag{1.4}$$

早在1936年的德国，费托合成反应就开始商业化了，从那时起陆续建立起了许多用于生产燃料的费托合成工厂（Dry et al.，2002）。1955年萨索尔公司在南非建成了第一座费托合成工厂，随后在1980年和1982年陆续建成第二个和第三个大规模的工厂。1993年Shell公司在马来西亚建成了一座年产50万吨的中间馏分合成工厂（Dry et al.，2008）。2007年Oryx建立起一座年产近140万吨的工厂（Remans et al.，2008）。在早先原油丰富廉价的“石油时代”仅有部分的费托工厂能够存活，费托技术的经济价值取决于原油的价格。近来，原油价格的上调致使更多新的费托工厂建立。当原油价格超过20美元一桶的时候，采用费托技术合成原油将会是更加经济的选择（Dry et al.，2008）。

费托技术在我国兴起于20世纪50年代。20世纪80年代，中国科学院山西煤炭化学研究所研发了费托合成与分子筛催化裂解相结合制备油的技术，分别在山西代县（1987～1989）和晋城（1993～1994）完成了年产100t和2000t的中试，制备出了达标的90号汽油。受当时的脱硫技术和资金的限制，最终未能长期运行（白亮等，2003）。1996～1997年中国科学院山西煤炭化学研究所采用新型高效的Fe/Mn超细催化剂在费托反应条件下连续运转3000h，汽油的收率和品质得到大幅度提高（Jin et al.，2001）。2006年中石化在镇海炼化采用固定床反应器建设了年产3000吨的费托合成中试装置。

虽然目前的原油供应预期可以维持 40 年或者更长时间（Rostrup-Nielsen et al.，2004），但是原油的价格一直不稳定，并且早已出现供不应求的状态。原油的产耗矛盾日益突出，轻质低硫油的储量日益枯竭，我们不得不开发含有硫、氮和金属的高浓度杂环原子的高芳香的低品质的重质油、焦油砂、页岩油。这些油不适合用来生产清洁的柴油燃料或者线性烯烃。因此，用天然气、煤、生物质等含碳的资源获取的能源和化学品取代原油变成了迫在眉睫的事情，这也使得费托技术变成了一场全球性的文艺复兴。目前埃克森美孚公司、合成油公司、英国石油公司和一些中资企业已经或者正在陆续建立费托工厂。不仅是气制油技术，煤制油和生物质制油技术也已经成熟并已成为费托反应的关键性的工艺（Remans et al.，2008，Hao et al.，2007，van Steen et al.，2008）。此外，2009 年发表的与费托合成相关的文章是 1998 年的三倍，表明费托合成技术在学术界也开始复苏。

制备具有高活性和选择性的新型催化剂，尤其是使催化剂具有高的产物选择性，是发展费托技术的关键，也是学术界关注的主要问题之一。许多关于费托合成的综述对费托技术的发展具有很有价值的指导意义（Dry et al.，2002，Dry et al.，2008，Remans et al.，2008，Hao et al.，2007，van Steen et al.，2008，Iglesia et al.，1997，Schulz et al.，1999，de Smit et al.，2008，Guettel et al.，2008，Maitlis et al.，2009），但是很少有报道中关注目标产物选择性可控的催化剂的制备。为了规范费托过程中产物的选择性，本章中分析了影响费托产物选择性的主要因素，并探讨了这些因素对具有突出进展的新型费托催化剂性能的影响。

1.2　费托合成催化剂的研究简史

1.2.1　活性金属的研究进展

对费托反应而言，通常根据反应的实施条件对催化剂进行选择，如：反应温度、反应器和催化剂的类型。费托合成是一种强放热反应，在此过程中应防止温度过高导致的催化剂烧结和积碳现象。根据反应温度可以把费托反应分为低温费托反应（190～260℃）和高温费托反应（300～350℃）。常用的费托反应装置主要有三种类型：固定床、流化床、浆态床（Davis et al.，2005）。一般来说，固定床和浆态床反应器用于 Fe 基或 Co 基催化剂的低温费托反应合成长链烷烃；流化床反应器用于Fe基费托催化剂的高温反应合成C_1～C_{15}碳氢化合物和α烯烃（Khodakov et al.，2007）。最重要的是，用于费托反应的催化剂必须具备能把合成气（CO和H_2）催化转化成碳氢化合物的高的加氢活性，及对副产物CH_4的低的选择性。Fe、Co、Ru和Ni是目前费托合成反应中最常用的四种过渡型金属。

Ru是能够增进CO加氢反应的活性最好的金属，并且Ru基催化剂能够在低于150℃的温度下通过费托合成反应获取长链碳氢化合物（Schulz et al.，1999）。在没有助剂引入的情况下，Ru基催化剂也能在给定的条件下进行有效的费托合成反应。因此，能够更直接地探究Ru催化剂在费托反应中的作用机理和反应机理（Schulz et al.，1999）。但是，由于制备Ru基催化剂的成本高并且贵金属Ru的储量有限，Ru基催化剂的大规模工业应用受到限制。Ni的加氢能力与Ru相当，常用作CH_4化催化剂，不适用于费托反应。

在费托合成反应中Co基催化剂通常表现出强的CO加氢活性和强的链增长能力，更倾向于合成线性的长链碳氢化合物，如石蜡和柴油燃料（Iglesia et al.，1997，Schulz et al.，1999，Khodakov et al.，2007）。相比Ru和Fe基催化剂，Co基催化剂具有更好的耐水性，对水煤气转换反应不敏感，反应过程中稳定且不易发生碳沉积中毒现象（Iglesia et al.，1997）。由于金属Co价格及储量的约束，在实际的工业应用中使用的Co基催化剂大多是负载型的催化剂或Co与其它金属氧化物形成的复合材料。这就使得Co基催化剂在费托反应中的性质会受到载体、钴源、助剂、第二活性金属的影响，并且Co基费托反应只能在特定的温度和H_2/CO比下进行。

相对于上述的Ru和Co基催化剂，铁基催化剂价格便宜、资源丰富、反应可操作温度范围宽、对合成气中H_2与CO的比例要求较低。更为重要的是，铁基催化剂可以在费托反应过程中把合成气转化为低碳烯烃（C_2～C_4）和液体燃料（C_{5+}碳氢化合物），并且H_2/CO的比值不会对CH_4的选择性产生很大的影响。此外，铁基催化剂不仅可以用于合成烷基燃料，还适合生产低碳烯烃和含氧化合物，这些物质是非常重要的化学原料。另外，铁基催化剂具有比Co或Ru基催化剂高的水煤气转变活性，有利于转化来源于生物质和煤中具有低氢碳比的合成气（H_2/CO），并且不利于把高氢气含量的合成气转变成甲烷。采用沉淀铁技术制备的催化剂具有价格低廉、助剂效果明显、催化活性高、比表面积大等优点，使得铁基催化剂在煤产油或生物质产油以及从合成气制备烯烃上更具有优势（Davis et al.，2007，de Smit et al.，2008）。然而，Fe基费托催化剂的运行周期短，在费托反应过程中容易失活，克服催化剂的快速失活是铁基费托催化剂面临的一项重大挑战（de Smit et al.，2008）。

在费托反应过程中催化剂烧结、积碳导致的催化剂中毒、金属与载体生成新的物相、催化剂磨损等均可造成催化剂失活（Hoffmann et al.，1988，van Daelen et al.，1994，Hammer et al.，1996，Eischens et al.，1958，Lahtinen et al.，2000）。费托合成反应中催化剂的烧结会导致催化剂的比表面积减小；一旦形成微晶将会引起催化剂表面物质的转移诱使催化剂结块。对多孔铁基催化剂而言，催化剂在孔道中的沉积能够降低活性位的烧结程度，此过程被视为催化剂颗粒的物理包裹。在费托反应中发生在催化剂表面的碳沉积是不可避免的，生成的碳物种吸附在活性位上，引起孔道堵塞，阻碍扩散。Ru作为助剂引入到铁基催化剂中能够阻碍在催化剂表面进行的碳沉积反应。此外，在铁基催化剂活性相表面进行的弱的氢化作用也不利于表面碳的生成。

1.2.2 铁基费托催化剂的制备研究

费托合成反应中常用的铁基催化剂主要有，沉淀铁催化剂、熔铁催化剂和烧结铁催化剂。共沉淀法和浸渍法是制备上述三种催化剂最常见的方法。

采用共沉淀方法制备的沉淀铁催化剂具有大的孔容和比表面积，利于助剂的引入以及催化剂成分的改变，此种催化剂在固定床费托反应中呈现出优异的催化活性和机械稳定性。因此，沉淀铁催化剂在费托合成反应中具有广泛的应用。费托是一种发生在催化剂表面的对催化剂的结构和尺寸敏感的表面反应。但是，采用共沉淀方法合成的铁基催化剂的尺寸和形貌不可调控，催化剂的抗磨损能力差，容易造成反应器的堵塞并且不利于反应后催化剂的分离。

浸渍法也是目前常用的制备费托催化剂的方法。在载体（活性炭或分子筛等多孔材料）存在的条件下，将含有活性组分和助剂的溶液采用抽真空技术或直接浸渍技术渗透到载体孔道内部或者外表面，再经过干燥和煅烧工艺获得费托催化剂。采用浸渍法制备的催化剂的活性组元大部分分布在载体的内表面或外表面，此种方法能够降低活性前驱体的使用量，适合贵金属为活性组元的负载型催化剂的制备。此外，浸渍法的制备工艺比共沉淀法简单，载体的孔道结构能提高活性金属的分散度；载体的引入能增强催化剂的稳定性。更重要的是，由于孔道结构的多样性，进而制备出的催化剂的形貌和尺寸可根据载体的情况而改变，进而达到调控催化性能的目的。为了提高催化性能，除了多孔载体外，采用浸渍法制备催化剂的过程中通常也会引入一种或多种助剂。但是，载体不仅能与活性组元之间产生相互作用，通常也会与助剂发生一定的作用，进而也就削弱了助剂对催化剂的促进作用。另一方面，在费托反应中多种助剂和载体共同起作用，这也就增加了反应的复杂程度，很难探讨单一的因素在反应中起的作用。

为了实现催化剂形貌和尺寸的可控制备，本书采用一步溶解热法或水热法制备用于费托合成反应的铁基催化剂。多羟基还原法是能够实现材料形貌可控制备的最常用的一种湿化学方法。乙二醇是最常用的溶剂和还原剂。在还原无机盐的过程中为了避免颗粒之间的团聚现象，通常需要加入表面活性剂（聚乙烯吡咯烷酮）。以乙二醇为溶剂的溶剂热反应主要具有以下几个优点：①乙二醇能够溶解很多种无机盐，对 $FeCl_3 \cdot 6H_2O$ 有很好的溶解性；②高温高压环境能够提高乙二醇的还原能力，进而可以通过调控反应温度实现控制催化剂形貌和尺寸的目的；③采用溶剂热法合成的催化剂具有很好的结晶性。此外，通过水热反应合成的催化剂也具有结晶性好、形貌可调控的优点，并且去离子水价格便宜无污染。

1.2.3 铁基催化剂费托合成反应机理

费托合成的反应机理比较复杂，主要是因为费托反应中通常会在催化剂的表面同时发生多种反应，大量的综述类文献对费托过程中的反应机理做了深入的探讨（Rofer-DePoorter el al.，1981，Bell et al.，1981，Dry et al.，1996，Van der Laan et al.，1999，Davis et al.，2001，Maitlis et al.，2009）。一般来说，费托是一种将 CO 解离加氢后形成的 CH_x 单体进行表面催化聚合的反应，此过程囊括多种烃类产物。研究者通过模拟 Ru 或 Co 表面进行的离散傅里叶变换计算，发现直接发生的 CO 解离和氢辅助的 CO 解离均取决于表面或活性位的类型（Inderwildi et al.，2008，Shetty et al.，2009）。吸附在表面的 O 与 H 结合形成水后被有效去除，吸附在表面的 C 与 H 结合产生 $CH_x(x=0\sim3)$ 中间体。紧接着，通过 C—C 键的耦合进行的链增长反应与加氢进行的链终结反应、氢抽离反应或插入非解离吸附的 CO 产生烷烃、烯烃或醇的反应之间存在着竞争（Iglesia et al.，1997）。C—C 键的耦合机理仍然是一个开放性的问题，CH_2(Brady Ⅲ el al.，1980，Brady Ⅲ el al.，1981)，CH (Ciobîca et al.，2002)，C(Liu et al.，2002，Cheng et al.，2008)，$C^{\delta+}$(Maitlis et al.，2009) 均被视为链反应过程中可能的传递链的单体。实验和理论研究均对耦合机理的阐述起着重要作用。费托合成反应中经典的反应机理主要有：碳化物机理，烯醇缩合机理，CO 插入机理 (van der Laan et al.，1999)。这些反应机理的不同之处主要表现在三个方面：链引发，链增长，链终止 (Yang et al.，2000)。上述几种反应机理在一定程度上得到了实验支持，但是目前尚缺乏与表面机理相关的确切证据。

碳化物机理指的是烷基机理、烯基机理、亚甲基机理；其中烷基机理是由 Fischer 和 Tropsch 提出的并被广泛认可的经典反应机理 (Fischer et al.，1926)。在费托反应过程中，CO 的解离会在催化剂表面形成氧和碳基团；前者可与吸附的 H_2 或 CO 反应生成 H_2O 或 CO_2；后者通过加氢反应可依次得到 CH、CH_2、CH_3 基团，如图 1.1 所示。其中 CH_3 和 CH_2 分别为碳化物机理中的链引发因子和中间体。CH_2 单体不断的插入促进了费托反应中链增长反应的进行。图 1.1 中提及的表面基团都已经通过实验得到了证实 (Erley et al.，1983，Chiazuan et al.，1984)。通过比较有 H_2 引入和没有 H_2 引入的反应发现，没有 H_2 存在的条件下往过渡金属催化剂上通入重氮甲烷最终的反应产物为乙烯；H_2 存在的条件下获得的产物与费托反应的产物类似。研究表明亚甲基单体对调控链增长反应的进行起着至关重要的作用，并且 CH_2 基团加氢获取 CH_3 的反应是不可逆的 (Brady et al.，1981，Barneveld et al.，1984)。上述机理中的链终止反应是随着去除 β-H 或加氢反应最终获得烷烃和烯烃完成的。有意义的是 β-H 的去除反应是可逆的，通过此反应得到的烯烃可促进长链碳氢化合物的形成。但是图 1.1 所示的烷

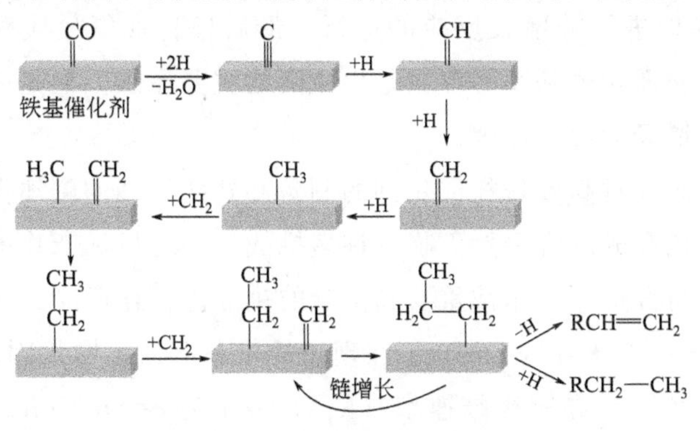

图 1.1　烷基机理示意图

基机理无法解释费托反应中支链产物和含氧化合物的形成原因。

为了解释费托反应中含氧化合物的形成原因，Smith 及其合作者和 Eidus 及其合作者提出了由含氧基团参与的烯醇机理（Smith et al.，1986，Eidus et al.，1967）。以铁基催化剂的费托合成为例，CO 加氢反应促进催化剂表面烯醇基团的生成；链增长反应归因于烯醇基团间的脱水反应，如图 1.2 所示。在链终止反应中，部分的烷基化羟基碳烯脱去羟基碳烯生成烯烃，并加氢获得烷烃；另一部分烷基化羟基碳烯直接加氢生成醇。虽然图 1.2 给出的反应机理被广泛接受，但是一直没有直接的实验数据能证明在费托合成中存在含氧中间体羟基碳烯。

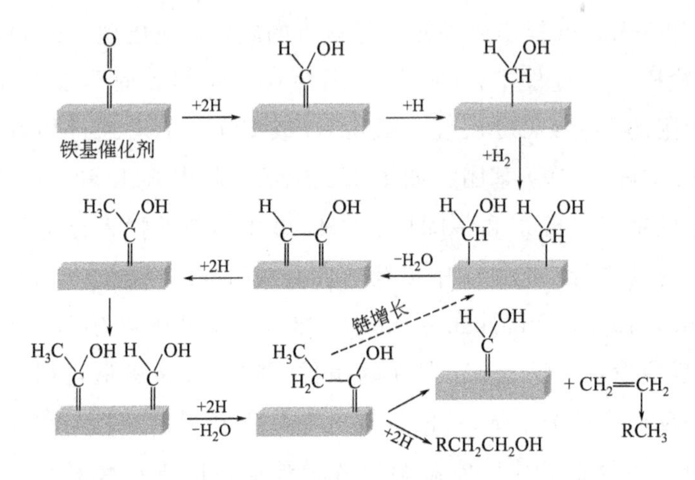

图 1.2　烯醇机理示意图

图 1.3 为 CO 插入机理的示意图。在铁基催化剂的费托反应中，吸附的 CO 加氢脱氧后获得了吸附在活性相表面的甲基基团；表面酰基基团是通过 CO 插入到表面烷基基团上形成的；CO 在烷基基团上的不断插入和表面基团中 O 的去除促进了链增长反应的进行，最后通过加氢反应获得烷烃。如图 1.3 所示，表面含氧基团的存在是生成醇的主要原因。但是采用 CO 插入机理不能解释烯烃的形成原因。

虽然许多研究对高效费托催化剂的制备和费托机理的阐述做了有意义的探讨，但是费托合成反应仍然面临着许多挑战。实现目标产物的可控制备对费托合成反应而言是一个非常重要和困难的挑战。费托反应的产物通常遵循 ASF 分布（Friedel et al.，1950）。在理想的状态下，链增长因子（α）取决于链增长速率（R_p）和链终结速率（R_t），表示为 $\alpha=R_p/(R_p+R_t)$。α 值与碳链长度无关，不同碳数（n）的碳氢化合物的摩尔数 M 可以表示为：

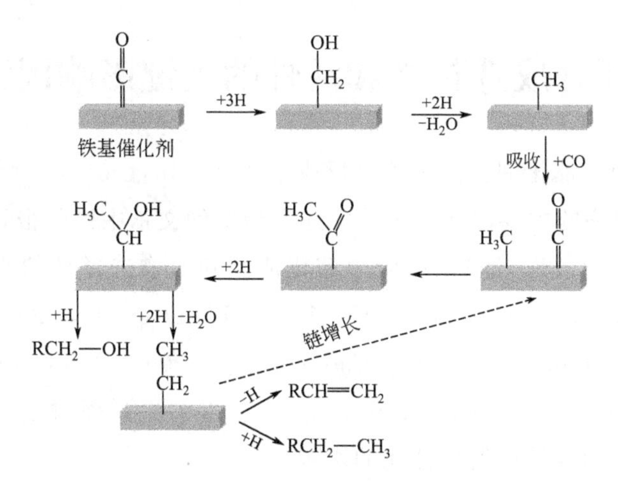

图1.3　CO插入机理示意图

$M_n=(1-\alpha)\alpha^{n-1}$。因此，产物的分布情况取决于$\alpha$值的大小。服从ASF分布的费托反应产物中$C_5$～$C_{11}$段的汽油和$C_{12}$～$C_{20}$段柴油的最高选择性分别为45%和30%。这就意味着目前的费托技术主要用于合成长链的烷烃（C_{21+}，石蜡）。紧接着，费托反应产生的石蜡经过多功能催化剂的氢化裂解反应被转变为液体燃料，主要是柴油（Eilers et al.，1990，Knottenbelt et al.，2002）。为了充分发挥这两个阶段的优势，费托反应需要在α值大于0.9的条件下进行，这样才能把副产物（主要为CH_4）的产率降至最低。为了实现这个目标，需要设计并制备出一种具有优异C_{5+}碳氢化合物选择性的费托催化剂。

与上述的两步反应相比，无需氢化裂解反应，直接生产高品质液体燃料一步费托合成更加高效节能。并且，直接通过合成气获取有价值的化学品（烯烃）是非常有意义的。因此，实现目标产物选择性的可控合成是设计新型催化剂的一个重要标准。众所周知，沉淀铁催化剂和熔铁催化剂是常用的费托合成反应催化剂。其中采用沉淀铁制备的铁基催化剂在固定床上的研究技术比较成熟；并且沉淀铁技术有利于助剂的引入及催化剂组成的调控。此外，沉淀铁催化剂在费托合成中具有优异的催化活性和稳定性。一般来说，为了获得高活性和选择性的铁基费托催化剂，研究者在对铁基催化剂改性上做了一系列的工作，主要是围绕引入助剂和多孔载体等方面展开的（Schulz et al.，1992，Roland et al.，1997，Blyholder et al.，1964，Hoffmann et al.，1988，van Daelen et al.，1994）。

1.3 费托合成选择性和活性的关键影响因素

一般来说，催化剂、反应器、反应条件是费托合成反应中影响产物选择性和CO转化率的主要因素。多篇综述和最新的文献中已经报道了关于反应器的类型和反应条件对费托反应中催化活性和产物选择性的影响（Guettel et al.，2008，van der Laan et al.，1999，Wang et al.，2007，Guettel et al.，2009，Liu et al.，2009，Cao et al.，2009，Rohde et al.，2005，Forghani et al.，2009，Sari et al.，2009）。本书主要探讨了活性组元的化学状态、助剂和载体对催化性能的影响。

1.3.1 活性组元的化学状态

对活性位和活性相化学状态的了解是设计具有高活性和选择性的催化剂的关键。在费托反应过程中铁基催化剂通常会以复杂的碳化铁和铁的氧化物的形式存在，包括χ-Fe_5C_2，ε-Fe_2C，ε-$Fe_{2.2}C$，θ-Fe_3C，Fe_7C_3 和 Fe_3O_4 等（Dry et al.，1981，O′Brien et al.，1996，Rao et al.，1995，Lox et al.，1998，Shroff et al.，1995，Zhang et al.，1985）。对铁基催化剂而言，在费托反应中真正起作用的活性位和活性相还存在争议。铁基催化剂很容易在费托反应中形成具有低活化能的碳化铁（43.9～69.0kJ/mol）(de Smit et al.，2008，Niemantsverdriet et al.，1981)，反应过程中的物相转变主要为铁的氧化物与碳化铁之间的相互转变及碳化物之间的相互转变，并且催化剂的结构和费托反应条件均可影响碳化物的种类和含量。根据碳原子占据的活性位可以把在费托反应中的碳化铁的活性相分为多种类型（de Smit et al.，2008）。如果碳原子出现在三角棱镜的间隙位上就会形成θ-Fe_3C 和 χ-Fe_5C_2 和 Fe_7C_3，如果碳原子出现在八面体的空隙位上就会生成ε-Fe_2C 和 ε′-$Fe_{2.2}C$。Fe_xC（或 Fe_xC_y）用来标记不明确组分含量的碳化铁结构。在这些类型的碳化铁中，CO在较低的温度下（443K）碳化细铁矿或氧化铁粉末可获得ε-Fe_2C，但是χ-Fe_5C_2 在较高的渗碳温度下（523K）形成；θ-Fe_3C 是在高于573K的合成气中碳化被还原的铁形成的。在费托反应过程中通常会发生多种铁源（α-Fe、γ-Fe、Fe_3O_4）与碳化铁共存的现象，但是这些相在费托反应中所起的作用仍然存在争议（de Smit et al.，2008）。

在费托反应条件下铁基催化剂通常会重组，并且需要较长的还原周期才能达到稳定状态。Schulz及其合作者研究了Fe-Al-Cu/K_2O催化剂在合成气（H_2/CO）条件下的物相组成，并证明了Fe_5C_2的形成与费托反应中的催化活性有关系，而金属铁在反应中不活跃（Riedel et al.，2003）。氧化铁负责的水煤气转换反应是铁基催化剂在费托反应中发生的一个主要副反应。

近来，原位或类原位技术已经被用于研究铁基催化剂在费托反应中可能的活性相。Janbroers及其合作者通过类原位TEM-EELS和XRD测试（隔绝空气）证明新制备的K和Cu促进的Fe催化剂中的Fe_2O_3在543K的温度下被CO还原成为Fe_3O_4和未知结构的碳化铁（Janbroers et al.，2009）。他们也证明了碳化铁催化剂对空气中可控的或不可控的氧化反应比较敏感。因此，他们提出为了表征费托合成反应中铁源的真正结构，即使在可控条件下进行的钝化反应都应该被避免。

De Smit及其合作者采用带有纳米反应器的扫描透射X射线微显微镜表征了以SiO_2为载体的K和Cu促进的铁基催化剂。这个技术的空间分辨率约为15nm。他们探测出Fe_2O_3为新制备的催化剂中唯一的铁相，经过H_2还原后磁铁矿相被转变成为Fe_3O_4和Fe_2SiO_4相。在523K的合成气氛围中还原后，Fe_3O_4被转变为Fe^0和Fe_2SiO_4，反应结束后也形成了碳化铁相。De Smit及其合作者采用原位X射线吸收精细结构和广角X射线散射技术系统研究了以SiO_2为载体和没有SiO_2载体引入的K和Cu为助剂的铁基催化剂在预处理和费托反应中结构的变化。研究发现没有载体引入的Fe_2O_3和Cu促进的Fe_2O_3在温度为623K的H_2氛围中反应2h时大部分被还原成了α-Fe，并且这些样品在费托反应条件下（0.1MPa和523K）被转变为碳化铁。

上述两种催化剂费托反应4h时活性呈现快速下降的趋势，θ-Fe_3C为上述两种无支撑材料引入的催化剂的主要物相，表明θ-Fe_3C可能是促使催化剂失活的主要因素。

K和Cu改性的Fe_2O_3/SiO_2催化剂很难被还原，此种催化剂在623K的H_2氛围中被还原后只探测到了Fe_3O_4和Fe_2SiO_4相。在费托反应中此种负载型铁基催化剂较难被活化。在H_2/CO的合成气中预处理无载体引入的Fe_2O_3和Cu改性的Fe_2O_3，以及SiO_2为载体的K和Cu促进的Fe_2O_3催化剂获得了面心立方结构的γ-Fe和γ-Fe_5C_2。与用H_2还原的催化剂相比，催化剂经由合成气（H_2/CO）活化后呈现出较好的稳定性和活性，结果表明

γ-Fe 和 γ-Fe_5C_2 是影响催化性能的关键因素。铁基催化剂通常会对预处理条件比较敏感，主要是因为在此过程中可以形成不同结构的铁和/或碳化铁。

对铁基费托反应而言，更多的报道证明碳化铁与催化剂的活性有直接的关系（Rao et al.，1996，Li et al.，2001，Bukur et al.，1995，Baltrus et al.，1989）。Raupp 及其合作者通过实验证明碳化铁的含量不仅影响催化剂的活性，也对产物的选择性有一定的影响（Raupp et al.，1979）。此外，研究者采用原位 EXAFS、XRD 及 Mössbauer 谱进一步证明了碳化铁为铁基催化剂在费托反应中的活性相（Chen et al.，2008，Guczi et al.，2006，Soled et al.，1995）。

1.3.2 助剂

多相催化剂中的助剂能通过结构效应改变活性相的结构或通过电子效应（通过电子传输或电子间的相互作用）修改活性相的电子特征，进而提高费托合成中催化剂的活性或调变产物的选择性。没有经过助剂修饰的 Ru 基催化剂在费托合成中能够生产重质碳氢化合物。但是，为了优化 Fe 基和 Co 基催化剂在费托反应中的性能，在催化剂的制备过程中通常需要引入特定功能的助剂，如碱金属离子、贵金属或过渡型金属氧化物（Schulz et al.，1999）。研究助剂在费托合成中的作用和运作机理对有效地设计具有高的目标产物选择性和催化活性的费托催化剂是非常重要的。

助剂在铁基催化剂的费托合成中起着非常重要的作用。碱金属离子通常用作铁基催化剂在费托反应中的助剂。碱金属离子通过改变活性金属的电子效应，进而增强 CO 的化学吸附，并阻碍 H_2 的吸附，实现调控催化活性和目标产物选择性的目的。研究者采用浆态床反应器，在 543k 和 1.3MPa 的费托反应条件下研究了不同种类的碱金属离子对共沉淀铁基催化剂（Fe/Si＝100/4.6）性能的影响（Yang et al.，2004）。

催化性能结果表明，K^+ 和 Na^+ 的引入能够增加费托合成中的催化活性和水煤气转换反应，但是 Li^+、Rb^+、或 CS^+ 的引入导致 CO 转化率下降。研究发现，碱金属离子助剂能够改变产物的选择性，尤其是 C_{5+} 碳氢化合物的选择性。Na^+ 的引入提高了 C_5～C_{11}（汽油段，质量分数约为 35％）碳氢化合物的选择性，K^+ 和 Cs^+ 引入的催化剂在费托合成中分别呈现出高的 C_{19+}（质量分数约为 12％）和 C_{12}～C_{18}（质量分数约为 20％）碳氢化合物的选择性（Ngantsoue-Hoc et al.，2002）。

碱金属离子的引入增加了C_2碳氢化合物中乙烯的选择性。有报道中提及碱金属离子的引入能降低费托合成中的加氢能力进而提高链增长概率和烯烃选择性，可能是因为碱金属离子的引入增加了催化剂的碱度。

为了探究K^+含量对催化性能的影响，研究者采用共沉淀方法制备了不同K^+含量的Mn改性的铁基费托催化剂，并采用固定床反应器评价了相应的催化性能（Yang et al.，2004）。研究发现，当引入的K^+最大不超过0.7%（质量）时，CO的转化率随着K^+含量的增加而增加。当催化剂中K^+含量约增加至1.5%（质量）时，降低了副产物CH_4的选择性，同时提高了C_{5+}碳氢化合物的选择性，尤其是C_{12+}碳氢化合物。

K^+的引入降低了含氧化合物的选择性，并且提高了C_2～C_4段碳氢化合物中烯烃的选择性。XRD图谱和Mössbauer光谱研究表明增加K^+的量能增加还原后催化剂中碳化铁（χ-Fe_5C_2和ε'-$Fe_{2.2}C$）的含量。随后研究者采用浆态床反应器评价了K和Cu促进的Fe/SiO_2催化剂在费托合成中的催化性能（523-533K，1.5MPa，$H_2/CO=0.67$），结果表明K^+的引入不仅能增加费托合成中催化剂的活性和水煤气转换反应，而且提高了C_{5+}碳氢化合物的选择性（Liu et al.，2004）。

但是，太高的K^+含量加速催化剂失活。Lohitharn and Goodwin在研究中发现，把适量的K^+引入到Fe或者Fe-Mn催化剂中，能够提高费托反应中催化剂的活性及C_{5+}的选择性和烯烃/烷烃的比，并且当K^+的量为1.5%（摩尔分数，相对于Fe）时催化活性最高。但是，单纯增加K^+的引入量促进了CO_2的形成，这要归因于水煤气转换反应和Boudouard反应。通过对焦炭沉淀进行测试，指出引入高含量的K^+极大地促进了Boudouard反应（式1.5）。

$$2CO \longrightarrow CO_2 + C \tag{1.5}$$

这个反应被认为是导致高K^+含量的催化剂在费托反应中快速失活的主要原因（Liu et al.，2004，Lohitharn et al.，2008）。通过稳态同位素瞬变分析（SSITKA）证明了K^+的引入对Fe位的固有活性没有产生很大的影响，但是可能会增加活性表面中间体的数量进而获得碳氢化合物（Lohitharn et al.，2008）。

Cu或贵金属可能会促进铁前驱体的还原度，进而能够增加催化活性。在$H_2/CO=1$的合成气氛围中预处理引入Cu或Ru助剂的K-Zn-Fe催化剂，不仅提高了Fe源的还原度，还提高了活性金属的碳化速率（Li et al.，

2002)。与此同时，每克催化剂的活性也被提高，但是转换频率没有发生变化。在CO转化率近似的情况下，Cu或Ru促进的铁基催化剂与无助剂引入的催化剂在费托合成中呈现出相近的C_{5+}碳氢化合物和CH_4的选择性。

Cu的引入促进了Fe-Mn-KSiO_2催化剂中Fe源的还原并且提高了Fe源的碳化速率，并且没有改变稳态中碳化的程度（Zhang et al.，2006)。因此，Cu的引入缩短了诱导期，但是稳态的活性并没有明显的改观。对Fe-Mn-K/SiO_2催化剂而言，Cu的引入降低了CH_4和C_2～C_{11}碳氢化合物的选择性，提高了C_{11+}碳氢化合物的选择性。此外，Cu的引入提高了Fe-Mn-K/SiO_2催化剂在费托合成中C_2～C_4碳氢化合物中烷烃与烯烃的比值。与K-Zn-Fe催化剂的费托性能不同（Li et al.，2002)，由于Cu和K^+在催化反应中的协同效应提高了Cu促进的催化剂的碱性，这也是导致产物选择性发生变化的主要原因。

过渡金属氧化物的引入也能够优化铁基催化剂在费托反应中的性能。Goodwin等人在553K、1.8MPa、$H_2/CO=1$的费托反应条件下研究了不同的过渡金属氧化物（Cr、Mn、Mo、Ta、V、W、Zr氧化物）对100Fe/5Cu/17Si催化剂费托性能的影响。研究发现，除了WO_x以外，其它过渡金属氧化物的引入不仅提高了CO的加氢活性也增强了水煤气转换活性。其中，Cr、Zr、Mn氧化物的增强效果非常明显；被MnO_x改性的催化剂不易失活是最稳定的催化剂。但是，上述助剂的引入并没有对碳氢化合物的选择性起到明显的改观。

研究者深入考察了Cr、Mn、Zr改性的铁基催化剂的性能，结果表明助剂的引入能够提高Fe源的分散度，并且不会对还原度或比表面产生很大的影响（Lohitharn et al.，2008)。采用稳态同位素瞬变分析发现，没有引入助剂的催化剂与引入助剂的铁基催化剂的固有活性是一样的，也就是说CO转化率的提高可能是由于助剂的引入增加了生成碳氢化合物的活性表面中间体的数目（Lohitharn et al.，2008)。此外，Mn是能够把合成气通过费托过程转变为烯烃的助剂。

为了探究Mn在催化反应中的作用机理，采用X射线吸收近边结构研究了还原后（用2% O_2/He钝化）的Mn促进的Fe基催化剂（Campos et al.，2010，Wang et al.，2005)。结果表明Mn可能会取代Fe_3O_4的八面体位置形成$(Fe_{1-x}Mn_x)_3O_4$。此种混合氧化物的形成对Fe起到隔离作用，不利于长链碳氢化合物的生成。Mn改性的催化剂在费托反应中呈现出低的失活速率，表明 $(Fe_{1-x}Mn_x)_3O_4$ 相能被转变为小的 Fe_xC 团簇，这就意味着 Mn 的引入能够改变催化剂在合成气中的再生能力。此种团簇具有较高的碳化能力，不利于加氢反应的进行，进而能够提高产物中烯烃与烷烃的比例。

Luo 和 Davis 研究了碱土金属离子对铁基费托催化剂催化行为的影响 (Luo et al.，2003)，研究发现 Mg 和 Ca 的引入能够抑制水煤气转变活性并能够轻微增加 C_2～C_4 碳氢化合物中烯烃的含量。Gallegos 及其合作者通过对比 Fe/SiO_2 催化剂和 Fe 单质在 MgO 包裹的 SiO_2 上的催化剂发现，后者对碳氢化合物的产率具有高的转换频率并且获得了高的烯烃与烷烃 (C_2～C_4 碳氢化合物中) 的比值 (Gallegos et al.，1996)。并且，合适含量的 Mg (质量分数 4%) 引入能够抑制 CH_4 的形成。系统研究了 Mg 助剂对沉淀 Fe-Cu-K/SiO_2 催化剂费托性能的影响，结果表明催化性的性能与 Mg 的引入量有关 (Yang et al.，2006)。当 Mg/Fe 质量比优化为 0.07 时，水煤气转换活性被抑制，费托活性被增强。

Mg 的引入提高了轻质碳氢化合物的选择性，尤其是汽油段碳氢化合物 (C_5～C_{11})，同时抑制了低碳烯烃的加氢反应进而提高了 C_2～C_4 烯烃的选择性。结果表明，一定含量的 Mg 的引入能够提高铁源的还原度并促进活性金属的碳化速率，当 Mg/Fe 质量比为 0.07 时 χ-Fe_5C_2 的量最大。上述结果进一步证明了碳化铁是碳氢化合物形成的活性相，氧化铁负责水煤气转换反应。

表 1.1 总结了不同助剂对铁基费托催化剂性能的影响。大多数助剂的引入能够提高 CO 的转化率。但是，目前尚不清楚 Fe 位上的固有活性是否被提高。最新的研究发现绝大多数的助剂能够提高 Fe 源的还原度和碳化速率或活性碳化铁源的分散度，但是不能够影响固有活性 (Ngantsoue-Hoc et al.，2002，Yang et al.，2004，Liu et al.，2004，Lohitharn et al.，2008，Li et al.，2002，Zhang et al.，2006，Lohitharn et al.，2008，Lohitharn et al.，2008，Campos et al.，2010，Yang et al.，2006)。特定功能的助剂的引入能够调控产物的选择性。为了降低 CH_4 和 CO_2 的选择性，并促进 C_{5+} 碳氢化合物和低碳烯烃的形成，在一种催化剂的制备过程中通常会引入不同功能的多种助剂。因此，为了合理设计出有效的铁基催化剂，不得不考虑不同助剂间的相互作用。目前关于不同助剂在费托反应中的协同效应机理尚不明确。

表 1.1　助剂对铁基费托催化剂催化行为的影响

助剂	可能的功效
K^+和碱金属离子	1)增强费托活性和水煤气转换活性 2)降低 CH_4 的选择性并提高 C_{5+} 碳氢化合物的选择性 3)增加 C_2～C_4 碳氢化合物中烯烃和烷烃的比
Cu 或 Ru	1)通过促进铁源的还原度和碳化速率提高活性 2)增加重质碳氢化合物和低碳烯烃选择性,可能是因为与碱金属离子一起提高了催化剂的碱度
MnO_x	1)通过提高铁源的分散度提高了活性 2)与铁源形成混合氧化物,进而形成抑制失活的较小的碳化铁源
MgO	1)通过促进铁源的还原度和碳化速率提高费托反应活性并抑制水煤气转换反应 2)提高轻质碳氢化合物的选择性,尤其是汽油段碳氢化合物 3)提高烯烃的选择性

1.3.3　载体

载体是组成催化剂的重要部分，载体种类和性质对催化剂的活性、稳定性和产物选择性有很大的影响。不同种类和性质的载体的引入对催化剂在费托反应中的性能会产生很大的影响。总的来说，载体在多相催化剂中具有以下作用：①提高活性相的分散度产生具有高表面积的催化活性相；②在反应过程中稳定活性相，阻碍表面积的损失；③在扩散受限反应或放热反应中能够维护催化剂的机械强度并促进热和质的传递。

对浆态床上进行的反应而言，选择合适的载体增加催化剂在费托合成中的耐磨性是至关重要的（Pham et al.，2003），但是对于用固定床反应器进行的费托合成而言，高的热耗散是非常关键的影响因素。除了这些物理效应，载体和活性相（或活性相前驱体）间的平衡相互作用对费托合成反应而言是非常重要的。如果此种相互作用比较弱可能会导致活性相的分散度比较差，但是如果此种相互作用比较强将会增加活性相前驱体的还原难度（Soled et al.，2004）。载体可能改变活性金属的电子状态，进而影响 CO 的解离能力（Khodakov et al.，2007）。另外，载体的孔结构能够通过改变活性相的还原度和尺寸或影响反应物和产物的扩散进而影响催化性能。目前常用的载体有：氧化物载体（SiO_2 和 TiO_2）、碳化物载体、分子筛。

SiO_2 具有耐热性较好、耐磨性较强、耐酸性较高、多孔结构、吸附容量大等特点，在费托合成反应中被用作催化剂的载体。在费托合成反应中采用 SiO_2 作为载体不仅能够增强活性金属的分散度还可以阻碍催化剂活性组分烧结及增强催化剂机械强度。多孔 SiO_2 载体对金属呈惰性，在反应中起着分散和稳定金属颗粒的作用（Storch et al.，1951，Chiazuan et al.，1984）。

SiO_2 通常会和金属形成表面化合物，活性金属负载在大孔 SiO_2 载体上比负载在小孔 SiO_2 载体上表现出更高的 C_{5+} 碳氢化合物的选择性，这通常被认为是反应物的扩散导致的结果，但 Khodakov 等（Khodakov et al.，2002）认为上述现象归因于孔结构改变了金属的分散度和还原度。载体孔径的增大对 CO 转化率影响不大，链增长促进的 C_{5+} 的选择性有一定程度的增加，说明较大孔径的载体有利于重质烃的生成。此外，以 SiO_2 为载体的费托催化剂具有良好的稳定性和再生功能（程萌 et al.，2006）。

作为新型载体的 TiO_2 凭借其良好的高温还原性能在费托合成反应中备受关注。采用 TiO_2 为载体的催化剂具有低温活性高、热稳定性好、抗中毒性强等特点。载体 TiO_2 与活性金属通常会在载体的界面处形成新的活性位，在金属与载体形成的缺陷位的协同作用下对 C=O 键进行活化，使得金属表现出超常的高活性，进而增加了反应活性（Vannice et al.，1992）。但载体 TiO_2 的比表面积小，一般会向催化剂里引入相关功能的助剂用来调整催化剂的孔结构（周晓峰 et al.，2008）。

具有较高比表面积和化学稳定性的多孔碳载体被广泛应用于费托合成中（Takeuchi et al.，1982，Takeuchi et al.，1983，Ichikawa et al.，1985，Brady et al.，1981，Robert et al.，1980）。研究中发现，以碳材料为载体的催化剂在费托反应中呈现出较好的催化性能，主要是因为具有高比表面积的多孔碳材料能够分散并稳定金属纳米颗粒。另外，很容易采用化学方法对碳材料的表面进行修饰或处理，进而调变碳材料的石墨化程度并引入数目可控的新的表面位（Tonner et al.，1983，Evans et al.，1983，Cant et al.，1985）。前者能够影响负载的活性金属颗粒的抗烧结性（Takahashi et al.，1983），后者与活性金属颗粒的分散度有关（Mueller et al.，1987，Nunan et al.，1988）。

活性炭和碳纳米管（CNTs）是费托合成反应中常用的碳材料载体。借助活性炭发达的孔结构（孔道的空间限制）能够可控制备汽油、柴油（Leendert et al.，2006）。但是由于其规格难确定、孔隙率低、强度较差，所以研究者往往采取加入助剂的方法来改善其性能（高海燕 et al.，2002）。具有六边形网状结构的碳纳米管具有机械强度高、热稳定性强、高温和高压条件下结构性质均无明显变化的特点，因此可作为费托合成催化剂的高效载体（Guo et al.，2006）。

Bahome 等采用两端开口的碳纳米管通过等体积浸渍和尿素沉淀法合成了不同的 K 或 Cu 助剂修饰的 Fe/CNT 催化剂（Gao et al.，2012）。研究发现，采用上述过程制备的催化剂中粒径为 15nm 的 Fe 纳米颗粒均匀地分散在碳纳米管的外表面。特别地，制备方法没有明显地改变催化剂在费托反应中的催化活性和产物选择性。

Bao 等发现负载于碳纳米管内的三氧化二铁纳米颗粒具有自还原能力，管径越小纳米颗粒的还原温度越低（张熠华 et al.，2005）。基于此，他们以硝酸处理的碳纳米管（长度为 200～500nm）为载体采用超声浸渍法获得了 Fe 颗粒，分别负载在碳纳米管内（Fe-in-CNT）和管外（Fe-out-CNT）的两种催化剂（O′Brien et al.，1984）。研究发现管内的 Fe 在费托反应中更容易被转变成为碳化铁，加上碳纳米管对管内负载的铁提供的限域效应利于碳链增长，使得 Fe-in-CNT 在费托反应中呈现出更好的 C_{5+} 碳氢化合物的选择性。

研究者把分别在 298K 和 383K 用 HNO_3 预处理的碳纳米管作为催化剂在费托反应中的载体，并研究了处理温度对费托性能的影响（Anderson et al.，1952）。研究发现，高温下处理的碳纳米管在费托反应中表现出更好的催化稳定性，主要是因为酸处理能够提高碳纳米管的比表面积并增加缺陷位，进而使得负载在纳米管上的颗粒粒径变小。研究证实碳纳米管为载体的催化剂在费托合成反应中具有较高的催化活性和 C_{5+} 碳氢化合物的选择性（梁雪莲等，2005）。

费托反应产物的分布比较宽，为了更好地调控产物的选择性，具有催化裂解作用的酸性分子筛可被视为第二催化中心（Barneveld et al，1984，Zheng et al.，1988，Koster et al.，1991，Ciobica et al.，2002，Maitlis et al.，1999）。采用有序介孔的 MCM-41 和 SBA-15 作为载体，能使活性金属纳米颗粒、单个金属离子或金属复合物进入分子筛孔道中。由于不同的分子筛拥有不同的尺寸和孔道结构，导致处于分子筛孔道中的粒子具有特定的结构并在费托反应中呈现出很多特征（Corma et al.，Moller 1998，et al.，Ying 1999，et al.，Trong 2001，Thomas et al.，2005，Taguchi et al.，2005，Sun et al.，2008，Schmidt et al.，2009）。孔直径能够在 2nm 至 9.1nm 之间调控的 MCM-41 和 SBA-15 型的介孔硅被用作 Co 基催化剂的载体（Co 的单载量为质量分数 5%，Khodakov et al.，2001）。通过调控介孔硅的尺寸能很好地控制 Co_3O_4 的尺寸。

金属的还原度也与孔尺寸有关。Co_3O_4 颗粒的尺寸和还原度会随着孔尺寸的增加而增大。由于低的还原能力，导致孔尺寸小于3nm的催化剂在463K、0.1MPa、$H_2/CO=2$ 的费托反应条件下呈现出较低的CO转化率和低的 C_{5+} 碳氢化合物的选择性（Khodakov et al.，2001）。随着SBA-15的孔直径从3.7nm增至16nm，30% Co/SBA-15催化剂的还原度从50.5%增至57.5 %，同时也增大了Co颗粒的尺寸（Xiong et al.，2001）。在383K、2MPa、$H_2/CO=2$ 的反应条件下，CO转化率随着SBA-15孔尺寸的增加而变化，并在孔尺寸为9nm时达到最大。此时，C_{5+} 碳氢化合物的选择性从75%增至87.5%（Xiong et al.，2008）。由于还原度的变化不大，因此假定 C_{5+} 碳氢化合物的选择性主要取决于Co颗粒的尺寸。上述研究结果与Borg的研究一致（Borg et al.，2001），均认为大的Co颗粒利于 C_{5+} 碳氢化合物的形成。此外，大的Co颗粒在费托反应中呈现出强的CO解离能力。

孔径分布对催化剂在费托反应中的活性和产物选择性影响较大，较大的孔径利于重质烃的生成，但是CO和 H_2 的扩散和吸附会受到浓度梯度的影响。小孔径虽然能够提供大的比表面，但是在费托反应中容易被堵塞，进而导致催化剂活性降低。介孔具有形状多样、孔组成和性质可调控的优点，在催化剂的制备过程中可以得到较高热稳定性和水热稳定性的介孔材料。介孔材料作为费托合成反应中催化剂的载体受到了研究者的青睐（Sun et al.，2008，Martinez et al.，2009）。

介孔分子筛具有孔径均匀及比表面大的特点，能够提高活性金属的分散度、增加催化剂活性位的数量，进而提高 C_{5+} 碳氢化合物的选择性，主要是因为具有合适分散度的活性金属纳米颗粒在费托合成反应中能够呈现出较好的催化性能。

介孔可作为费托反应中的纳米反应器，限域的活性金属颗粒通过择形选择性或促进α-烯烃中间体的再吸附反应控制碳链的长度。换句话说，介孔提供的纳米空间可用于调控产物的选择性。仅有少数的研究中采用多孔材料作为费托合成反应中铁基催化剂的载体。在698K的氢气氛围中还原26h后含有24% Fe^0（平均直径1.3nm）和76% Fe^{2+} 的5%（质量）Fe/MCM-41催化剂由于具有低的还原度和小尺寸的 Fe^0，在费托反应中通过CO加氢反应生成的主要产物为选择性超过80%的 CH_4（Marchetti et al.，2002）。

通过对比不同介孔和微孔材料为载体的铁基催化剂的催化行为发现铁单载量为10%（质量）的Fe/MCM-41和Fe/MCM-48催化剂在费托反应中

(543K、2MPa、$H_2/CO=2$)的活性是最差的，CO转化率低于5%(Wang et al.，2007)。在相同反应条件下，Fe/SBA-15催化剂给出了较高的CO转换率(17%)。但是，Fe/SBA-15催化剂呈现出与Fe/SiO_2催化剂相似的催化性能。

Eyring及其合作者指出往SBA-15中引入少量的Al能够提高催化剂的性能(Kim et al.，2006)。研究发现少量Al(Al/Si=0.01～0.033)的存在不会影响SBA-15的孔结构，反而会提高负载型三氧化二铁的还原度。Al/Si为0.01的铁基催化剂的还原性是最好的。没有引入Al的Fe/SBA-15催化剂在773K时用氢气还原处理10h后仍然需要一个长达25h的还原期才能够使得CO的转化率提高至20%。把Al引入到SBA-15中缩短了诱导期。Al/Si为0.01的Fe/SBA-15催化剂反应7h时CO转化率就达到了一个较高的稳定状态(35%)。引入Al的催化剂中产物的选择性也发生了极大的改变。Al/Si为0.01时，C_{11+}碳氢化合物的选择性从50%增加到了70%(Kim et al.，2006)。在此基础上进一步增加Al的含量不利于重质碳氢化合物的生成，也不利于CO转化率的提高。延伸X射线吸收精细结构和穆斯堡尔光谱研究表明费托反应后的催化剂中含有Fe^0、非磁性的氧化铁、碳化铁，并且Al的引入加速了SBA-15中碳化铁的形成。

对于固定床反应器，相对大的催化球(1～3mm)能够降低压力梯度。但是，这可能会导致扩散受限。费托合成过程中质传递会对产物的分布产生一定的影响(Iglesia et al.，1997)。典型的，两种类型的扩散因素被认为会影响费托合成中产物的选择性。首先，由于氢气的扩散速度比一氧化碳的高，因此反应物的运输受限将会增加催化活性位上H_2与CO的摩尔比。这可能会提高费托反应过程中的加氢活性和CH_4的选择性。第二，产物运输受限可能会限制重质碳氢化合物的移除或增加α-烯烃的再吸附进而提高重质石蜡的选择性。大的催化剂球上活性组元的可控分布可能会影响反应物或产物的运输，进而改变产物的选择性。

费托合成反应中的催化性能，尤其是产物的选择性，取决于发生在活性位上的扩散作用以及次级反应之间复杂的相互作用。载体上的孔尺寸可能会影响活性金属的扩散和还原度、反应物和产物的扩散以及在限域空间内通过α-烯烃再吸附进行的副反应的概率。这些因素决定着费托反应中的催化行为。因此，对于助剂引入的负载型费托催化剂而言，很难单独讨论孔尺寸或者单一因素对催化性能的影响。

第2章 费托催化剂的制备及性能概述

2.1 催化剂制备方法及特点概述

本研究采用一步溶剂热法和水热法成功制备了助剂引入的多孔铁基微球、由活性氧化物自组装而成的孔尺寸可控的 Fe_3O_4 微球、Ag 引入的铁基催化剂、孔尺寸可控的铁基纺锤形催化剂、$Fe_2O_3@MnO_2$ 纺锤形催化剂、$Fe_2O_3@SiO_2@MnO_2$ 双壳催化剂。需要特别指出的是，上述催化剂均是多孔材料，孔是活性氧化物在自组装过程中构成的间隙孔。此种孔结构的形成不仅能起到分散活性金属的作用，也能起到运输反应物和产物的作用，还能够避免引入多孔载体导致的强的载体与活性组元的相互作用。

2.2 费托性能特点概述

采用固定床反应器分别评价了上述催化剂在给定反应条件下的费托性能。与采用传统的共沉淀法和浸渍法制备的催化剂相比，研究发现本研究中制备的多孔材料在费托反应中能够起到提高催化活性和调控目标产物选择性的目的，具体的费托性能概述如下。

2.2.1 助剂引入的多孔铁基微球

通过对以乙酸盐形式引入 Na、K、Zn、Mn 助剂的多孔铁基微球催化剂进行费托性能评估发现，助剂的引入对CO的解离和加氢反应起着至关重要的作用，进而可以调控C_{5+}碳氢化合物和C_2～C_4烯烃的选择性。没有助剂引入的Fe催化剂上的CH_4和C_{5+}选择性分别为27.1%(质量)和30.2%(质量)。特别地，Na离子的引入没有改变活性氧化物的组成和结构，使得Na为助剂的铁基催化剂在费托反应中呈现出较好的产物选择性。Fe/Na催化剂获得了高达59.0%(质量)的C_{5+}选择性和低至11.3%(质量)的CH_4选择性。Mn引入的Fe/Mn催化剂上CH_4的生成被降至14.7%(质量)，同时低碳烯烃的选择性被提高至34.1%(质量)，主要是因为Mn的引入降低了H_2转化率(48.6%)，有利于烷基化反应朝着生成烯烃的方向进行。此外，XRD结果表明Mn的引入导致铁锰尖晶石氧化物的生成，不利于前驱体向活性相的转变，导致CO转化率低至37.4%。

2.2.2 孔尺寸可控的Fe_3O_4微球

通过调控聚乙烯吡咯烷酮的量，成功制备出了具有不同孔尺寸的3PFe(2.39nm)、1PFe(3.71nm)和0PFe(3.70nm)催化剂，比较上述三种催化剂在费托合成反应中的产物选择性发现，孔尺寸为3.71nm的1PFe催化剂不仅获得了高达93.2%的CO转化率，还给出了最高的C_{5+}($2.08\times10^{-3}g_{HC}\cdot g_{Fe}{}^{-1}\cdot s^{-1}$)收率和最低的$CH_4$($3.97\times10^{-4}g_{HC}\cdot g_{Fe}{}^{-1}\cdot s^{-1}$)收率。具有相近孔尺寸的0PFe(3.70nm)给出了与1PFe(3.71nm)相近的C_{5+}碳氢化合物的选择性，分别为59.0%和57.1%(质量)。结果表明大的孔更利于费托反应中热和质的传递，有助于产物的运输，进而促进反应朝着生成长链碳氢化合物的方向进行并阻碍CH_4的形成。通过研究1PFe催化剂随时间变化的费托性能发现孔在调控产物选择性上起着至关重要的作用。通过不同反应时间下催化剂的SEM照片可知，随着纳米颗粒不断地从微球表面脱落，组成微球的孔结构也逐渐被破坏。费托反应是一种结构敏感的反应，催化剂的形状和尺寸在一定程度上影响着催化活性和产物的选择性。微球结构的破坏减弱了孔提供的限域效应，阻碍了链增长，进而抑制了C_{5+}碳氢化合物的形成。当反应时间延长至48h时，1PFe催化剂上C_{5+}的选择性从59.0%(24h)降低至49.5%(48h)。

2.2.3 Ag引入的铁基催化剂

虽然上述过程使用的多孔铁基微球能够提高C_{5+}碳氢化合物的选择性，

但是催化剂的稳定性差，容易失活。为了进一步提高催化剂在费托反应中的稳定性和目标产物的选择性，设计制备了 Ag 为助剂的核壳结构的 $0.8Ag/Fe_3O_4$ 和 Ag/Fe_3O_4 催化剂。由 TEM 照片和 XRD 衍射图谱证实此种材料是由 Fe_3O_4 纳米颗粒分散在 Ag 核表面形成的核壳结构。特别地，此种核壳结构是在聚乙烯吡咯烷酮形成的有机层上的孤对电子驱动下形成的。通过溶剂热反应获取的不同反应时间的样品 SEM 照片可知，新形成的四氧化三铁纳米晶体在反应中会朝着聚乙烯吡咯烷酮保护的银纳米颗粒迁移并吸附在银纳米颗粒的表面，进而获得了核壳复合材料。

通过研究不同费托反应时间下催化剂的 H_2 转化率可知，助剂 Ag 的引入能够抑制加氢反应的进行，进而提高烯烃的选择性，并抑制了甲烷和烷烃的生成。研究发现，$0.8Ag/Fe_3O_4$ 催化剂在费托反应 48h 时的 CO 转化率仍高达 96.4%，CH_4 的选择性被降至 12.1%，并且 C_2～C_4 烯烃选择性增至 28.3%（质量）。此时，Fe_3O_4 催化剂上的 C_{5+} 碳氢化合物的收率为 $1.84\times10^{-3}g_{HC}\cdot g_{Fe}^{-1}\cdot s^{-1}$，$0.8Ag/Fe_3O_4$ 催化剂给出的相应的收率为 $2.73\times10^{-3}g_{HC}\cdot g_{Fe}^{-1}\cdot s^{-1}$。通过 H_2-TPR 还原曲线可知，助剂 Ag 的引入能够降低活性前驱体的还原温度，促进碳化铁的形成。通过分析费托反应 72h 的催化剂的 XRD 衍射图谱可知，Ag 助剂的引入能够阻碍催化剂表面的碳沉积，进而促进了新的碳化铁相的形成。上述两种因素是导致 Ag 引入的催化剂的活性高于无 Ag 引入的催化剂的主要原因。

研究发现费托反应 72h 时在 $0.8Ag/Fe_3O_4$ 催化剂上获得了高达 $1.6\times10^{-4}mol_{co}\cdot g_{Fe}^{-1}\cdot s^{-1}$ 的 FTY 值，这个值不但高于 Fe_3O_4 催化剂的活性，也高于文献中报道的采用不同载体单载的铁纳米结构在费托反应中的最高活性。除了高的 C_{5+} 产物收率外，该催化剂在费托反应中表现出了良好的稳定性，因此 Ag 可作为优化铁基催化剂费托性能的有效助剂。

2.2.4　孔尺寸可控的铁基纺锤形催化剂

贵金属的引入在一定程度上对于提高 C_{5+} 产物收率和催化稳定性起到一定的促进作用，在一定程度上也增加了催化剂的制作成品，不利于工业生产中的使用。以提高催化剂的活性和稳定性为前提，以提高 C_{5+} 碳氢化合物的收率为目的，采用水热法制备了孔尺寸可控的铁基纺锤形催化剂。首先合成了无 CTAB 引入的 Fe_2O_3 催化剂，随后通过改变引入 CTAB 的量合成了 Fe_2O_3/CTAB 和 Fe_2O_3/2CTAB 催化剂。

通过CO-TPD研究上述三种催化剂在费托反应过程中的CO化学吸脱附性能发现，CO的化学吸附量从低到高依次为：Fe/2CTAB(80.9$\mu mol_{co} \cdot g_{cat}^{-1}$)，Fe(95.6$\mu mol_{co} \cdot g_{cat}^{-1}$)，Fe/CTAB(130.7$\mu mol_{co} \cdot g_{cat}^{-1}$)。除了高的CO化学吸附量，相比于Fe和Fe/2CTAB催化剂，Fe/CTAB催化剂具有较高的CO解离能力，这意味着Fe/CTAB催化剂在费托反应过程中具有较好的CO转化率。

通过研究上述三种催化剂在费托反应过程中的H_2吸脱附行为发现，相比于Fe和Fe/CTAB催化剂，Fe/2CTAB催化剂具有较低的H原子吸附能力及低的H_2吸附量，这就限制了Fe/2CTAB催化剂在费托反应过程中的加氢能力，进而促进费托反应过程中的链增长反应，从而抑制CH_4的产生。

通过研究上述三种催化剂在给定条件下的费托性能可知，Fe、Fe/CTAB和Fe/2CTAB在相同的费托反应条件下反应72h的C_{5+}选择性从高往低依次为：Fe/2CTAB(65.0%)，Fe(58.9%)，Fe/CTAB(55.2%)；副产物CH_4的选择性从低往高依次为：Fe/2CTAB(13.9%)，Fe(16.9%)，Fe/CTAB(19.1%)。此外，费托反应72h时，上述三种催化剂的CO转化率从高往低依次为：Fe/2CTAB(95.3%)，Fe(94.3%)，Fe/CTAB(93.6%)。综上所述，本研究中制备的Fe/2CTAB催化剂呈现出较好的催化稳定性和CO转化率（95.3%，72h）及较高的C_{5+}碳氢化合物选择性（65.0%，72h）。并且，本研究所制备的无负载型催化剂在费托反应过程中呈现出的活性及C_{5+}选择性要优于文献中报道的负载型铁基纳米催化剂的费托性能。

2.2.5 Fe_2O_3@MnO_2纺锤形催化剂

通过对Mn为助剂的铁基微球的费托性能研究发现，Mn的引入能够提高低碳烯烃的选择性并抑制副产物CH_4的选择性，但是由于铁锰尖晶石氧化物的形成降低了催化活性。基于此设计合成了一种无铁锰尖晶石氧化物形成的Fe_2O_3@MnO_2核壳纺锤形催化剂。首先合成了具有纺锤形结构的Fe_2O_3，并从其高分辨TEM照片中发现包裹在纺锤形结构外面的碳膜。特别地，聚乙烯吡咯烷酮为非离子型表面活性剂，纺锤形结构表面的有机层可被视为诱导二氧化锰向赤铁矿表面的迁移吸附的反应界面。更重要的是，这层有机膜能够有效地阻碍Fe_2O_3和MnO_2之间的相互作用，进而避免了铁锰尖晶石氧化物的形成。TEM照片结合XRD和XPS图谱证实了所制备的材料为Fe_2O_3@MnO_2核壳结构。

通过分析催化剂的 H_2-TPD 和 CO-TPD 曲线可知，锰的引入不仅增加了 H_2 的脱附温度还增强了 Fe-C 键的强度并增加了活性位的数目，并且助剂锰的引入使得解离后的 C 和 O 很难再重新组合形成一氧化碳。因此，锰的引入可能会抑制催化剂在费托反应中的加氢反应，促进 C—O 键的解离并支持 CH_2 单体的插入，进而促进链增长反应的进行。此外，锰助剂可以用作氧的载体，在费托反应中一氧化碳中的氧可以与被部分还原的锰的氧化物进行键合，进而增强了一氧化的解离能力并提高了催化活性。通过比较 Mn-free 催化剂和 Mn-9 及 Mn-10 催化剂费托反应后的催化性能发现，锰助剂的引入能够提高烯烃和 C_{5+} 碳氢化合物的选择性，进而证明锰助剂的存在能够促进反应朝着 β-氢抽离生成烯烃的方向及链增长的方向进行。费托反应 24h 时，Mn-free 催化剂的 CH_4 和 C_{5+} 碳氢化合物的选择性分别为 16.8%(质量) 和 47.4%(质量)。Mn-9 和 Mn-10 催化剂上的 CH_4 选择性分别为 8.9%(质量) 和 10.3%(质量)，C_{5+} 碳氢化合物的选择性分别为 66.6%(质量) 和 62.6%(质量)。这个结果高于文献中报道的以碳纳米管为载体的 $Fe_{2.5}Mn_{0.5}O_4$ 费托反应催化剂的 C_{5+} 碳氢化合物选择性。此种核壳结构催化剂的制备为提高费托反应中 C_{5+} 碳氢化合物的选择性而引入的过渡金属氧化物为助剂的铁基催化剂的合成提供了一个可行方法。

2.2.6　Fe_2O_3@SiO_2@MnO_2 双壳催化剂

通过对 Fe_2O_3@MnO_2 核壳纺锤形催化剂的费托性能研究发现，助剂 Mn 的引入促进 C_{5+} 碳氢化合物的选择性。但是上述催化剂在费托反应过程中的催化稳定性相对较差。为了进一步提高催化剂在费托反应过程中的稳定性，制备了 Fe_2O_3@SiO_2@MnO_2 双壳催化剂。研究发现 SiO_2 壳层的引入不仅可以避免 Fe-Mn 尖晶石氧化物的形成；而且，经过 300℃ 合成气还原处理 12h 后，硅壳表面存在缺陷，缺陷位置的存在利于接收来自于活性相的 H 原子。当还原金属氧化物 MnO_x 存在时，H 原子将会从活性相表面转移至助剂 Mn 表面，促进 H_2 的化学吸附，进而使得 FeSiMn 催化剂的 H_2 吸附量高于 FeSi 催化剂，并且 SiO_2 壳层的引入也在一定程度上促进了 CO 的吸附。

通过费托性能评价结果可知，与 FiSi 催化剂相比，Mn 引入的 FeSiMn 催化剂呈现出较短的诱导期和较高的催化稳定性，也就是说助剂 Mn 的引入提高了催化剂的还原速率和活性金属碳化成活性相的速率。费托反应 48h 时，FeSiMn 催化剂的活性为 $3.41\times10^{-5}\,mol_{CO}\cdot g_{Fe}^{-1}\cdot s^{-1}$，相比于 FeSi 催

化剂的 $2.77\times10^{-5}mol_{co}\cdot g_{Fe}{}^{-1}\cdot s^{-1}$ 提高了 20%。并且，此活性比 Mn 促进的 Mn-10 的活性（$2.70\times10^{-5}mol_{co}\cdot g_{Fe}{}^{-1}\cdot s^{-1}$）高 1.2 倍。换句话说，FeSiMn 催化剂在费托反应过程中的稳定性和催化活性归因于 SiO_2 中间壳层的引入。通过比较产物的 C_{5+} 选择性可知，FeSiMn 催化剂的 C_{5+} 选择性为 53.2%（质量），比 FeSi 催化剂的 39.8%（质量）高。这可能是因为助剂 Mn 的引入使得费托反应过程中解离的 H 原子从活性相表面转移至被部分还原的锰的氧化物的表面。研究发现，助剂 Mn 的引入降低了催化加氢能力并增强了 CO 的解离能力，进而提高了 FeSiMn 催化剂在费托反应过程中的催化活性和 C_{5+} 碳氢化合物的选择性。把助剂和稳定剂分别作为双壳层制备双壳结构催化剂为提高费托反应中催化剂的稳定性和 C_{5+} 碳氢化合物的选择性提供了一个可行方法。

第3章　助剂引入的多孔铁基微球的制备及费托性能

对铁基费托合成反应而言，助剂（Na、K、Zn、Mn）通常会被引入到铁基催化剂当中，以便通过电子效应或空间效应活化邻近的活性金属原子，进而提高催化剂的活性和目标产物的选择性（Pendyala et al.，2014，McCue et al.，2014）。但是，传统的浸渍法合成的催化剂存在着活性金属的形状和分散度不可调控的缺陷，导致催化剂在费托反应过程中呈现出差的稳定性和低的产物选择性（Torres Galvis et al.，2012）。

为了提高活性金属的分散度以及费托反应中的催化活性和机械稳定性，研究者以多孔材料为载体采用浸渍法制备了尺寸相对均匀的多孔催化剂，为了更好地调控产物的选择性，孔尺寸可控的载体越来越受到研究者的青睐。支撑材料的引入可能会改变活性金属的电子状态，从而影响 CO 的解离能力；并且多孔结构可被视为纳米反应器，利于反应物和产物在催化剂表面的运输。特别地，介孔材料能够更好地调控催化剂在费托反应中的性能（Khodakov et al.，2007，Zhang et al.，2010）。但是，活性金属与载体之间强的相互作用会阻碍铁的氧化物向活性相的转化，这将会会导致活性相的数目减少，进而降低了费托反应中催化剂的活性（Keyvanloo et al.，2014）。此外，采用浸渍法制备的催化剂容易产生强的铁-助剂-支撑材料之间的相互作用，减弱了铁与助剂间的相互作用，导致低的 CO 转化率。

为了克服催化剂在费托反应过程中的低活性和强的助剂与载体之间的相互作用问题，本章采用一步溶剂热法合成了由活性金属纳米颗粒自组装形成的多孔铁基微球。需要特别指出的是，不同于传统的共沉淀和负载型铁基催化剂，此种催化剂中的孔是由邻近的活性纳米颗粒之间组装形成的间隙孔，助剂是以水解盐的形式，在微球的合成过程中一步引入的。对费托反应而言，助剂和孔对于调控目标产物的选择性和催化剂的活性起着至关重要的作用。除了 Na^{+} 外，K^{+}、Zn^{2+}、Mn^{2+} 也以助剂的形式分别被引入到了铁基催化剂中。为了更好地证明助剂对费托反应中催化性能的影响，还合成了没有助剂引入的多孔铁基微球。研究发现，Fe/K 和 Fe/Zn 催化剂呈现出高的 CH_4 选择性（质量分数＞20%），Na 为助剂的 Fe/Na 催化剂显示出最佳的 C_{5+} 碳氢化合物的选择性（质量分数 59.0%），并且 CH_4 的选择性也低至质量分数 11.3%。虽然 Fe/Mn 催化剂具有较高的低碳烯烃选择性（质量分数 34.1%），但相应的 CO 转化率只有 37.4%。此外，孔尺寸对催化活性和产物的选择性也起着至关重要的作用。

3.1 助剂引入的多孔铁基微球的制备

本章以乙二醇为溶剂，六水氯化铁和醋酸盐为原材料，采用溶剂热法制备了多孔催化剂。在制备过程中，首先把 1.0g 六水氯化铁溶解于 30mL 乙二醇中，随后加入 2.0g 乙酸铵，紧接着加入 1.0g 聚乙烯吡咯烷酮，整个过程均在磁力搅拌下进行；把上述反应溶液在 50℃ 水浴条件下加热搅拌 30min，随后转移到 100mL 的聚四氟乙烯的反应釜中，并在 200℃ 下反应 10h；反应结束后，样品随炉冷却至室温，反应釜底部产生的沉淀用无水乙醇和去离子水洗涤多次后获得的样品置于 60℃ 条件下烘干备用。为了便于后面的讨论，此过程制备的样品被命名为 Fe 催化剂。在相同的反应条件下，分别用乙酸钠、乙酸钾、乙酸锌、乙酸锰替换上述过程中的乙酸铵，所制备的样品分别被命名为 Fe/Na、Fe/K、Fe/Zn、Fe/Mn 催化剂。

3.2 助剂引入的多孔铁基微球的形貌与结构特征

在溶剂热反应过程中，采用一步溶剂热法合成了多孔四氧化三铁微球；乙二醇被用作溶剂和还原剂，在水热反应过程中它能够把部分的 Fe^{3+} 还原为 Fe^{2+}；乙酸铵作为水解助剂促进铁离子的水解。具体反应过程如下：首先，三价铁离子在乙酸铵的促进作用下水解获得了羟基氧化铁中间产物；紧接着，部分的羟基氧化铁在 200℃ 的高压反应釜中被乙二醇还原为羟基氧化亚铁；随后，通过羟基氧化铁和羟基氧化亚铁间的脱水反应获得了 Fe_3O_4 纳米晶体；在聚乙烯吡咯烷酮的选择性吸附作用下，邻近纳米晶体会朝着同一晶面定向迁移并聚集，最终形成由许多纳米颗粒自组装成的四氧化三铁微球（Guo et al.，2007，Jia et al.，2008）。从图 3.1（a）所示的扫描电镜照片可以发现每一个微球都是由很多纳米颗粒堆积而成的，微球的平均直径为 310nm。图 3.1（b）为样品的 XRD 图谱，图中所有的衍射峰均可归因于面心立方结构的四氧化三铁，没有观察到其它杂质峰的存在；结果表明所制备的样品为纯的 Fe_3O_4 微球。

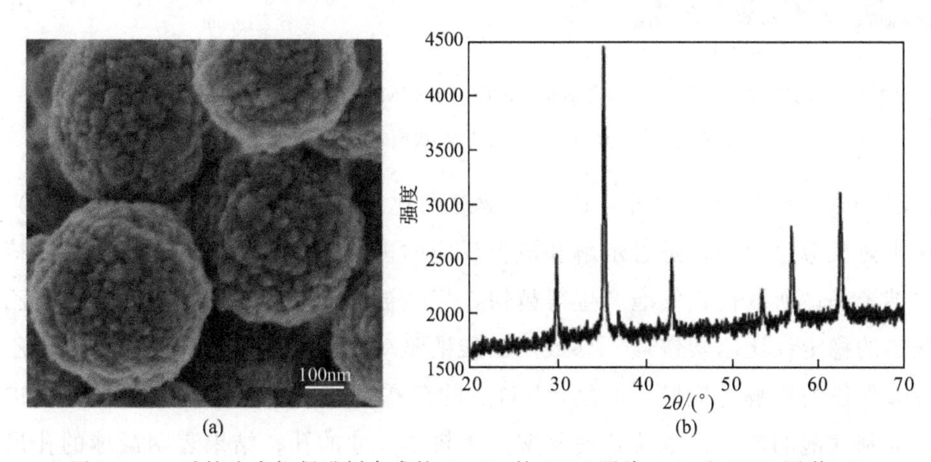

图 3.1　乙酸铵为水解促进剂合成的 Fe_3O_4 的 SEM 照片（a）和 XRD 图谱（b）

另一方面，在溶剂热反应过程中，随着水解和成核反应的进行，不断产生由乙酸和水蒸气组成的气泡，这些气泡通常被视为用于促进多孔材料形成的软模板（Yan et al.，2008）。如图 3.1(a) 所示，从每一个微球的表面都可以观察到许多的孔，并且孔是由邻近的纳米颗粒组成的间隙孔。表 3.1 给出了样品的 N_2 吸脱附实验数据，根据表中数据可知所制备的微球的比表面积为 15.6m^2/g、平均孔直径为 2.11nm，也就是说采用此方法制备的微球为多孔材料。

从上面的分析可知，溶剂热反应过程中产生的气泡是形成多孔结构的关键，气泡是在水解和形核过程中形成的。为了研究气泡与微球孔尺寸的关系，在保证其它制备条件相同的情况下，用相同质量的乙酸钠取代了乙酸铵，制备了如图 3.2(a) 所示的具有均匀形貌的 Fe/Na 微球，微球的平均尺寸为 330nm。从图 3.2(b) 给出的孔尺寸分布曲线可知，微球的主要孔尺寸集中在 3.8nm 处，明显大于用乙酸铵为水解促进剂制备的 Fe 微球的孔尺寸

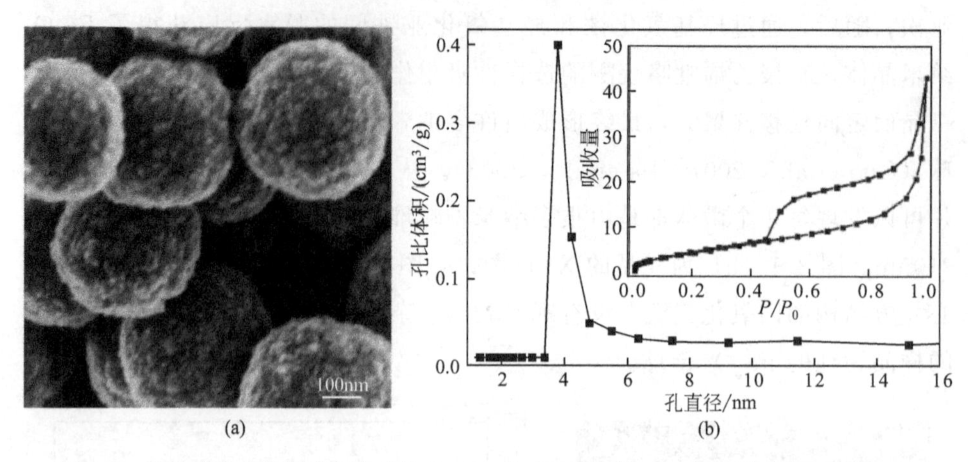

图 3.2 乙酸钠为水解促进剂合成的 Fe_3O_4 的 SEM 照片（a）和孔尺寸分布曲线（b）

P/P_0—进行比表面测试时，仪器自动给出的 N_2 吸脱附过程中孔内外的相对压力的比值。

(2.11nm，表 3.1)；此外，Fe/Na 微球的比表面积为 41.9m^2/g（表 3.1）。在水热反应过程中，随着水解和成核反应的进行，气泡的位置很快被新成核的纳米晶体所取代；气泡产生得越快，气泡被取代后留下的孔越大；由于乙酸钠的稳定性比乙酸铵强，导致由乙酸钠驱动的三价铁离子的水解速度比乙酸铵促进的水解反应慢；但是，NH_4^+的存在不利于羟基氧化铁的形成，进而抑制气泡的产生，也就致使水解产生较小尺寸的孔；结果表明微球的孔尺寸与乙酸盐的稳定性有关。

表 3.1 新制备铁基催化剂的性能

催化剂	比表面积/(m^2/g)	孔直径/nm	孔比体积/(cm^3/g)	催化剂尺寸/nm
Fe	15.6	2.11	0.03	310
Fe/Na	41.9	3.71	0.16	200
Fe/K	66.9	3.72	0.28	100
Fe/Zn	66.9	1.36	0.18	300
Fe/Mn	179.1	1.37	0.36	125

除了乙酸盐，乙二胺也能够促进三价铁和二价铁离子水解。在乙二胺存在的条件下，能够促进氢氧化铁和氢氧化亚铁的形成，在溶剂热反应过程中，二者可脱水形成四氧化三铁（Chen et al.，2011）。由于乙酸铵具有弱酸性，因此，当乙酸铵和乙二胺共存于一个反应体系中时，很难获得四氧化三铁微球。但是，往含有六水氯化铁、聚乙烯吡咯烷酮、无水乙酸钠的乙二醇溶液中加入 7.0mL 乙二胺后，通过溶剂热反应，最终制得了如图 3.3(a)

所示的平均直径为200nm的Fe/Na微球。与没有引入乙二胺的反应相比，加入乙二胺后，溶剂热反应时间从15h缩短为10h。结果表明乙二胺的引入能够加速水解反应的进行，进而促进四氧化三铁的形成。基于此，除了Fe/Na微球外，在乙二胺的参与下也成功制备了Fe/K、Fe/Zn、Fe/Mn微球。如图3.3(b)～(d)所示，相应微球的平均直径分别为100nm(Fe/K)、300nm(Fe/Zn)、125nm(Fe/Mn)。需要特别指出的是，从图3.3所示的微球的SEM照片中可以很明显地观察到单个微球是由许多纳米颗粒堆积而成的，并且微球上的孔是由邻近纳米颗粒所形成的间隙孔。从表3.1可知，相应的孔直径分别为3.71nm、3.72nm、1.36nm、1.37nm。经上述分析可知所制备的微球均为多孔材料。

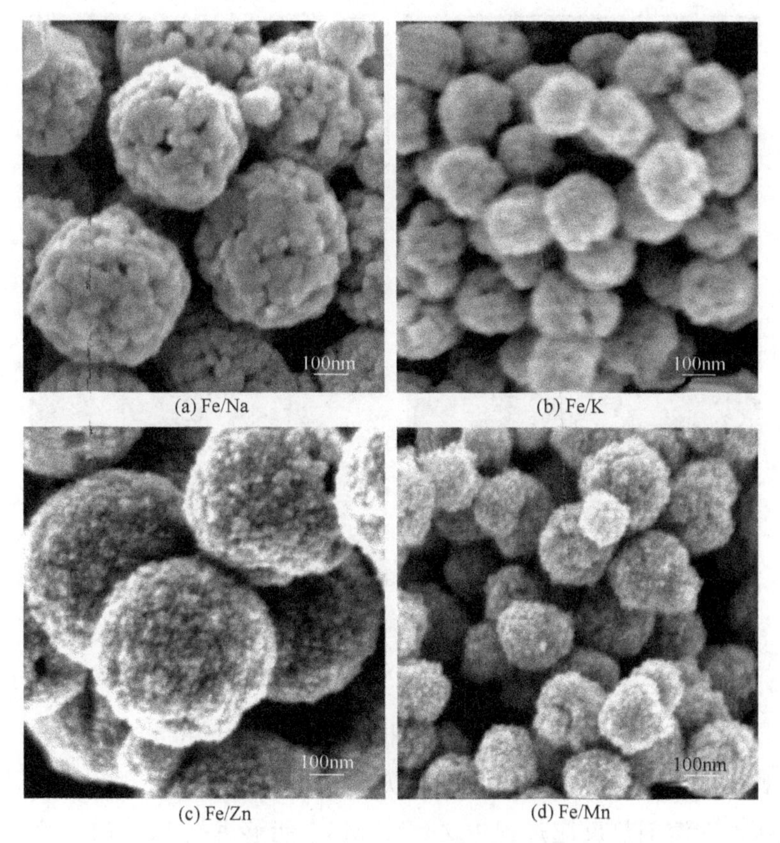

(a) Fe/Na　(b) Fe/K　(c) Fe/Zn　(d) Fe/Mn

图3.3　制备的铁基微球的SEM照片

为了研究组成微球的物相，并探究助剂在微球中的存在形式，得到了如图3.4(a)所示的Fe/Na、Fe/K、Fe/Zn、Fe/Mn微球的XRD图谱。研究发现Fe/Na微球的特征衍射峰与标准Fe_3O_4的相吻合。除了四氧化三铁的

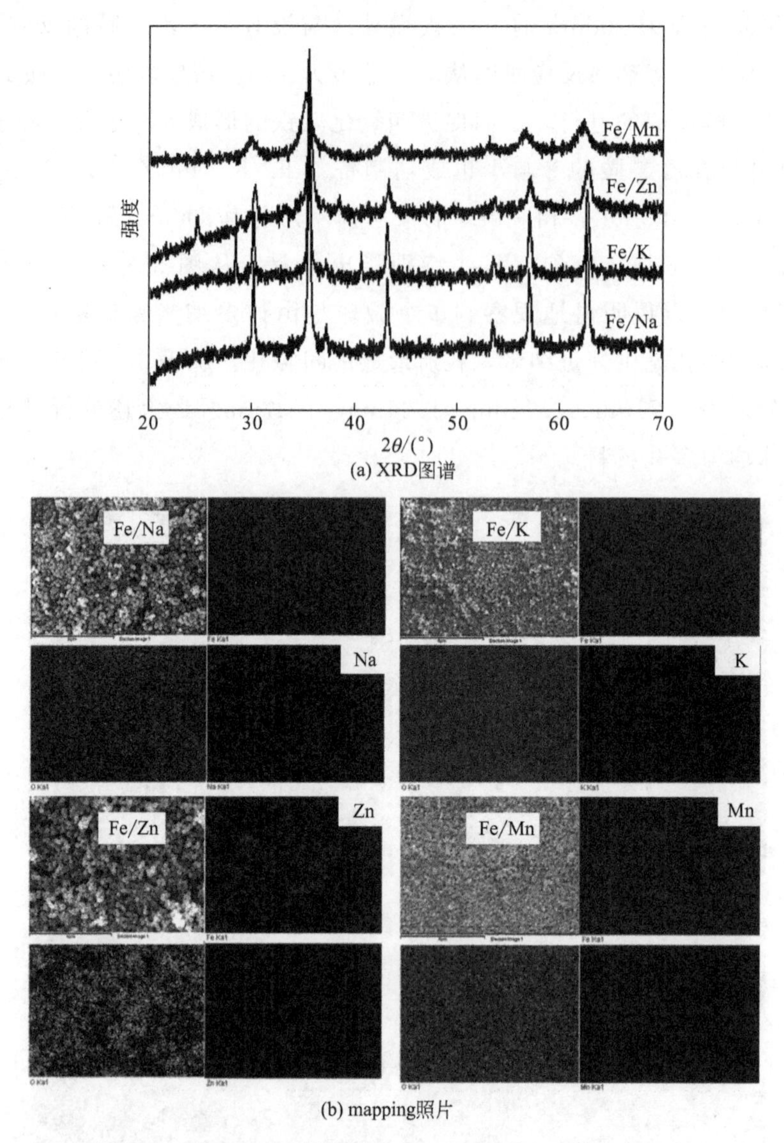

(a) XRD图谱

(b) mapping照片

图 3.4　制备的多孔铁基微球的 XRD 图谱和 mapping 照片

特征峰，从 Fe/K 催化剂的粉末衍射图谱中位于 28.3°和 40.5°的位置上能够清晰地观察到 KCl 的特征峰。众所周知，Zn、Mn、Fe 均是过渡金属元素，也就意味着在溶剂热反应过程中 Zn^{2+} 、Mn^{2+} 能够占据 Fe^{3+} 的八面体位置，同时 Fe^{3+} 被赶到四面体的位置，进而形成具有尖晶石结构的 $Fe_{3(1-x)}Zn_3O_4$、$Fe_{3(1-x)}Mn_3O_4$ 氧化物（Campos et al.，2010）。此外，在形核过程中阳离子能够通过吸脱附过程从它特定的位置上解离出来，这是导致在同一反应中多种氧化物共存的主要原因（Gallegos et al.，1996）。从图 3.4(a)

所示的 Fe/Zn 催化剂的 XRD 图谱中可以观察到 Fe_3O_4、ZnO、$ZnFe_2O_4$ 及未分解完全的 $ZnCO_3$ 晶相。

Fe/Mn 催化剂的 XRD 图谱中也显示出 Fe_3O_4、Mn_3O_4 和 $MnFe_2O_4$ 三种氧化物相共存的现象。表明实验结果与理论推测的结果相符。为了进一步证明 Na、K、Zn、Mn 元素分别被引入到了上述四种微球中，研究中给出了如图 3.4(b) 所示的相应样品的 EDS 元素 mapping 照片。除了 Fe（红色）和 O（绿色）元素外，从上述四种微球中分别探测到了 Na、K、Zn、Mn 元素（蓝色）。需要特别指出的是，虽然从 Fe/Na 微球的 XRD 中没有发现明显的 Na 元素的晶相，但从 mapping 照片可以探测到 Na 元素的存在，表明 Na 被成功引入到了催化剂中，并且在成核过程中钠离子没有占据三价铁的四面体位置（An et al.，2007）。从上述分析可知助剂以乙酸盐的形式被成功地引入到多孔微球中，并且均匀分布于微球中。

3.3　助剂引入的多孔铁基微球的费托性能

3.3.1　助剂的引入对产物选择性的影响及调控机理

在费托反应过程中 CO 解离并加氢后可形成 CH_3 基团，随后通过加氢反应生成 CH_4 或者通过插入 CH_2 单体进行链增长反应（Torres Galvis et al.，2012)。随后，可通过脱氢反应获得烯烃或者加氢反应生产烷基。与此同时链增长反应被终止。为了提高费托反应中目标产物的选择性，碱金属离子或过渡金属氧化物通常会以助剂的身份被引入到铁基费托催化剂中，以便提高目标产物的选择性。

在费托反应过程中，助剂能够阻碍加氢反应的进行，进而抑制副产物 CH_4 的形成。同时能够促进气相中 C_2～C_4 烯烃的选择性并增加 C_{5+} 碳氢化合物的选择性。虽然有关助剂促进的多孔载体单载的铁基催化剂的报道很多，但是，鲜少有报道中涉及以助剂促进的由纳米颗粒组成的多孔微球为铁基催化剂，并评价其在费托合成反应中的性能。基于此，本章中以 Fe/Na、Fe/K、Fe/Zn、Fe/Mn 微球为费托催化剂，并分别评价了其在 2.0MPa、280℃及 H_2/CO=1 的合成气条件下的费托性能。通过计算每克催化剂每秒把合成气中 CO 分子转化成碳氢化合物和二氧化碳的量，可计算得出反应过程中的 CO 转化率；通过目标产物的质量与所有碳氢化合物的质量比得到产物的选择性。对于铁基催化剂而言，碱金属离子，尤其是钠和钾，被用作电子助剂，通过给活性表面捐赠电子提高催化剂的碱性。基于此，通过提高CO的化学吸附并阻碍H_2的化学吸附，使得Na为助剂的铁基催化剂在费托反应中呈现出较好的产物选择性（Zhang et al.，2010）。

除了碱金属外，过渡金属的引入也会对费托反应中催化剂的性能产生重要影响。在所有的过渡金属中，可以通过引入Zn或Mn助剂改变催化剂表面的电子或几何性能，进而达到对费托反应中催化剂的CO转化率和产物分布进行调控的目的（Campos et al.，2010）。为了证明助剂对费托反应中催化性能的影响，实验中以没有碱金属和过渡金属引入的四氧化三铁微球作为对比催化剂。表3.2给出了费托反应24h的催化剂的CO转化率和产物选择性。从表3.2可知，所有催化剂的二氧化碳的选择性均接近40%。在相同的反应条件下，除了Fe/Mn催化剂的呈现出低至37.4%的CO转化率外，Fe/Na、Fe/K和Fe/Zn催化剂的CO转化率均高达95%左右（表3.2，Campos et al.，2010）。需要说明的是，在Fe_3O_4的形成过程中，Mn^{2+}取代了Fe^{3+}的八面体位置，使得助剂Mn与活性氧化物之间产生强的相互作用，进而抑制了CO的解离，导致Fe/Mn催化剂呈现出较低的CO转化率（Zhang et al.，2010）。

表3.2　费托反应24h后的催化性能

催化性能		Fe	Fe/Na	Fe/K	Fe/Zn	Fe/Mn
CO转化率/%		91.0	93.2	97.1	98.3	37.4
H_2转化率/%		77.5	74.7	78.3	81.3	48.6
CO_2转化率/%(从CO转化)		40.9	42.7	37.7	43.2	43.1
产物选择性/%(质量)	CH_4	27.1	11.3	20.8	26.8	14.7
	$C_2\sim C_4$烯烃	19.3	23.3	22.1	18.1	34.1
	$C_2\sim C_4$烷烃	23.4	6.4	10.7	21.9	8.3
	$C_5\sim C_{11}$	28.0	47.8	41.3	29.9	28.6
	C_{12+}	2.2	11.2	5.1	3.3	14.3
质量平衡/%		93.8	96.0	92.5	95.9	98.4

从表3.2所示的催化性能可知，钠离子的引入不但没有改变四氧化三铁的相结构［图3.4（a）］，反而有效地抑制了费托反应中的加氢反应并促进了链增长反应的进行；与没有添加助剂的Fe催化剂相比，Fe/Na催化剂呈现出最佳的C_{5+}碳氢化合物的选择性，高达59.0%（质量），其中汽油段碳

氢化合物（C_5～C_{11}）的选择性为 47.8%，并且副产物 CH_4 的选择性低至 11.3%。虽然 Fe/K 催化剂中 C_{5+} 的选择性低于 Fe/Na 催化剂。但是与 Fe 催化剂相比，引入 K 助剂后费托反应中 C_{5+} 碳氢化合物的选择性也得到了明显的提高，从 30.2%提高到了 46.4%；其中 C_5～C_{11} 的选择性为 41.3%。

结果表明，碱金属离子助剂的引入能够提高 C_{5+} 碳氢化合物的选择性，尤其是汽油段碳氢化合物的选择性。与 Fe 催化剂相比，Fe/Zn 催化剂虽然在费托反应中呈现出较高的 CO 转化率（98.3%），但是 C_{5+} 的选择性只有 33.2%，并且副产物 CH_4 的选择性高达 26.8%。这主要是因为 Fe/Zn 催化剂在费托反应中呈现出高的 H_2 转化率（81.3%），在烷基化反应过程中更利于朝着加氢生成短链碳氢化合物的方向进行，进而产生了较高含量的 CH_4 和低碳烷烃。同为过渡金属 Mn 与 Zn 在费托反应的催化性能上却表现出很大的差异，引入 Mn 后 Fe/Mn 催化剂具有低的 H_2 转化率（48.6%），有利于烷基化反应朝着生成烯烃的方向进行，进而获得了高的低碳烯烃的选择性（34.1%）。但是由于 Mn 与活性金属 Fe 之间存在强的相互作用，导致 Fe/Mn 催化剂的 CO 转化率低至 37.4%。从表 3.2 可知，助剂的引入不仅能够改变 CO 的解离能力，也能够改变 H_2 的转化率，进而调控烷基化反应，实现更好地调控产物选择性的目的（Zhang et al.，2010）；其中 Na 助剂的引入能更好地促进 C_{5+} 的选择性，Mn 助剂的引入能够提高费托反应中 C_2～C_4 烯烃的选择性。

3.3.2　孔尺寸对产物选择性的影响及调控机理

除了助剂，孔对费托反应中的催化性能也有重要的影响。多孔材料中的孔道可被用作催化反应中合成气和产物的运输通道（Li et al.，2007）。但是，在烷基化反应过程中，孔提供的限域效应阻碍亚甲基（CH_2）插入到烷基上，也就阻碍了链增长反应生成长链碳氢化合物。如图 3.5 所示，随着碳数的增加，液态产物中相应碳数产物的选择性逐渐减弱；这就意味着，本章制备的多孔催化剂在费托反应过程中利于低碳数碳氢化合物的生成，尤其是汽油段（C_5～C_{11}）碳氢化合物。另外，Fe/Mn 催化剂中 C_2～C_4 碳氢化合物（包括烯烃和烷烃）的选择性接近 50%（质量），这个结果与通过 ASF 模型预测的最大值相吻合（Wan et al.，2008，Ding et al.，2013，Xiong et al.，2014），进一步证明 Mn 助剂利于促进低碳化合物的形成。

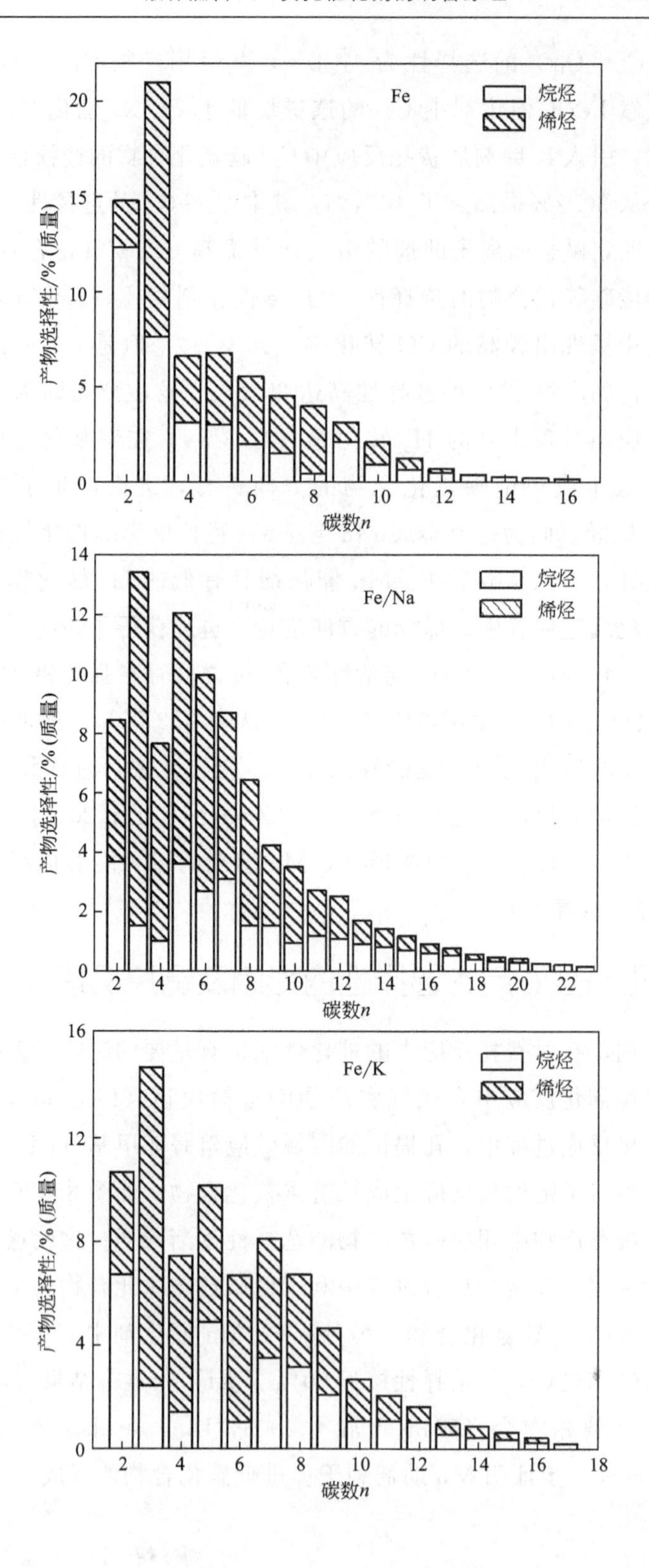
Fe
烷烃
烯烃
产物选择性/%(质量)
碳数n
Fe/Na
烷烃
烯烃
产物选择性/%(质量)
碳数n
Fe/K
烷烃
烯烃
产物选择性/%(质量)
碳数n

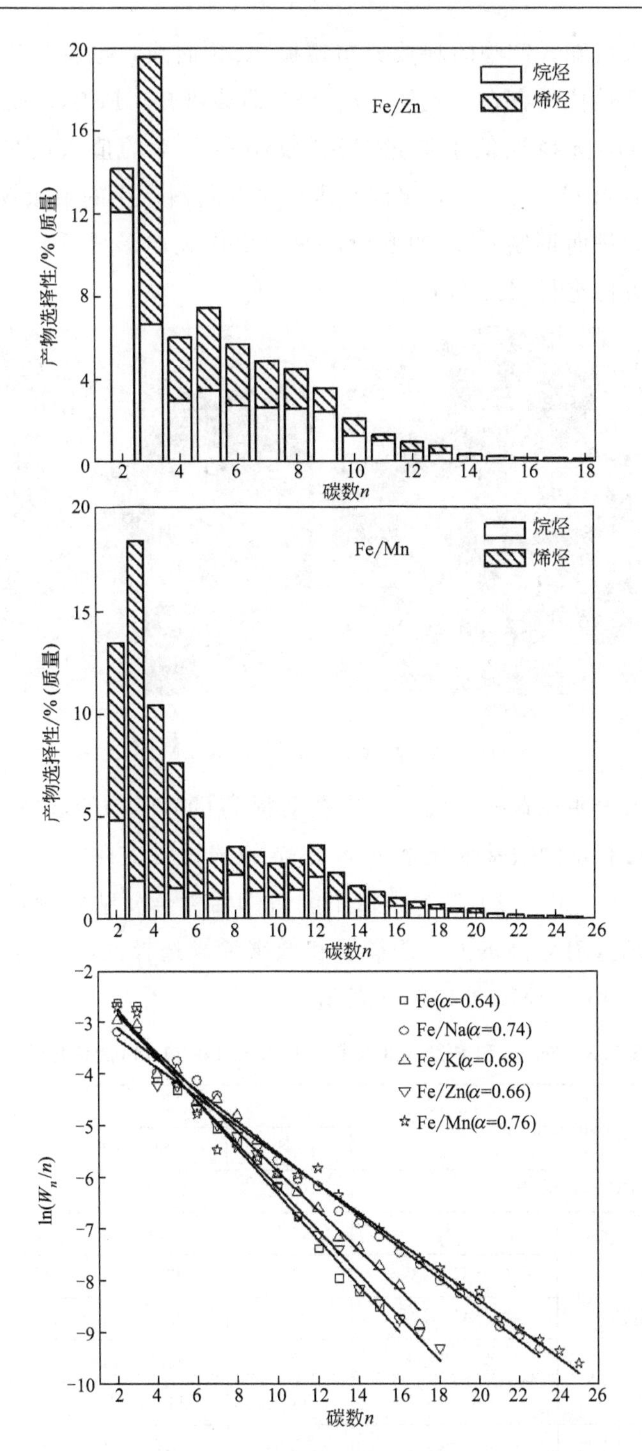

图 3.5　费托反应 24h 的产物分布柱状图及 ASF 曲线

W_n——相应碳数的碳氢化合物质量；α—链增长因子

从图3.6可知，产物的碳数分布遵循ASF曲线，也就是说在费托反应中只有一种活性位的存在。此外，从ASF曲线可知，Fe/Na和Fe/Mn催化剂给出的CH_4选择性低于通过ASF模型预测出的值（质量分数30%，Torres Galvis et al.，2012），可能是因为多孔材料产生的限域效应阻碍加氢反应的进行，进而抑制CH_4的形成，使得反应朝向形成低碳烯烃和C_{5+}碳氢化合物的方向进行（Abbot et al.，1986）。

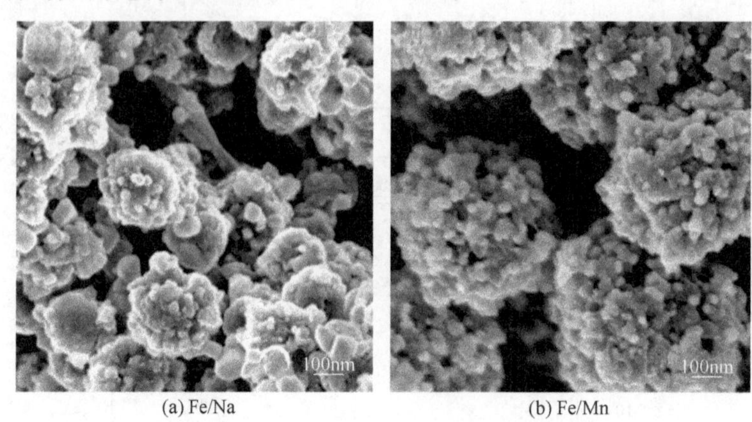

(a) Fe/Na　　(b) Fe/Mn

图3.6　费托反应24h的样品的SEM照片

上述结果表明在费托合成反应中孔对提高目标产物的选择性非常重要。与共沉淀方法制备的铁基催化剂和N-掺杂的碳材料支撑的铁基催化剂相比（Torres Galvis et al.，2012），本章中制备的活性金属纳米颗粒自组装形成的多孔催化剂具有较高的C_{5+}选择性和低碳烯烃选择性，尤其是Na和Mn引入的Fe/Na和Fe/Mn催化剂（表3.3）。

表3.3　Fe/Na和Fe/Mn催化剂费托反应24h和48h的催化性能

催化性能		Fe/Na		Fe/Mn	
		24h	48h	24h	48h
CO转化率/%		93.2	80.1	37.4	39.8
产物选择性/%(质量)	CH_4	11.3	14.8	14.7	16.3
	C_2～C_4烯烃	23.3	27.4	34.1	32.8
	C_2～C_4烷烃	6.4	8.3	8.3	9.1
	C_5～C_{11}	47.8	38.2	28.6	29.8
	C_{12+}	11.2	11.3	14.3	12.0
烯烃/烷烃质量比	C_2～C_4	3.6	3.3	4.1	3.6
	C_5～C_{11}	2.2	1.9	1.7	3.1
质量平衡/%		96.0	96.3	98.4	97.1

为了进一步探究孔与产物选择性之间的关系，给出了费托反应 24h 的 Fe/Na 和 Fe/Mn 催化剂的 SEM 照片。与新鲜制备的 Fe/Na 催化剂相比［图 3.3 (a)］，费托反应 24h 后［图 3.6 (a)］催化剂的尺寸发生了很小的变化。但是，组成单个微球的纳米颗粒呈现出明显的长大现象，部分纳米颗粒已经从微球上脱落下来，并重新生长成为类八面体结构。这可能是因为在费托反应中微球中的孔隙被合成气填充，导致催化剂内外表面产生了一定的压力差。为了缓解此种压力不平衡现象，组成微球的纳米颗粒不得不从微球表现脱落、再生长，进而达到新的平衡状态，此过程导致催化剂形貌的变化。由于 Fe/Na 催化剂具有较大的孔尺寸，在费托反应中催化剂内外表面的压力差较小，进而催化剂的尺寸在反应前后没有发生明显的变化。但是，随着反应的进行，活性位的数目随着纳米颗粒从微球上脱落和长大而减少。同时，由邻近的纳米颗粒组成的间隙孔随着纳米颗粒的不断脱落而逐渐被破坏，进而导致孔提供的限域效应也被减弱。这也是费托反应 48h 后 C_5～C_{11} 碳氢化合物的选择性降至 38.2%、CO 的转化率降至 80.1%的主要原因（表 3.3）。

由于 Fe/Mn 催化剂具有较小的孔尺寸，为了更好地平衡催化剂内外表面的压力差，在合成气的填充作用下微球逐渐膨胀导致微球的形貌变得疏松伴随着直径也逐渐变大。根据奥斯特瓦尔德熟化机制，组成微球的纳米颗粒不得不再次成长以达到新的平衡状态。如图 3.6 (b) 所示，这就解释了费托反应 24h 后 Fe/Mn 催化剂形貌变化的原因。

费托是一种结构敏感的反应 (Zhang et al., 2010, Enger et al., 2011)，随着 Fe/Mn 催化剂形貌的变化，催化剂上孔的直径也逐渐变大。众所周知，介孔提供的限域空间支持 CH_2 单体的插入，进而促进链增长反应生成高碳数的烯烃。如表 3.3 所示，与反应 24h 的催化性能相比，费托反应 48h 后 C_2～C_4 碳氢化合物的选择性降至 32.8%（质量），C_5～C_{11} 碳氢化合物的选择性增加到 29.8%（质量）。此时，C_2～C_4 和 C_5～C_{11} 间烯烃与烷烃的质量比从 1.7(24h) 增至 3.1(48h)。

结果表明，孔尺寸是决定费托反应中产物选择性的重要条件。

3.4　性能概述

本章通过一步溶剂热法制备了引入 Na、K、Zn 或 Mn 助剂的多孔铁基微球。不同于传统的以多孔材料为载体的催化剂，构成上述微球的孔是纳米颗粒在组装过程中形成的间隙孔。此外，助剂是以促进铁离子水解的盐的形式引入的，并通过 Mapping 照片和 XRD 图谱证实助剂被成功引入并均匀分散于铁基微球中。通过对上述催化剂进行费托性能评估发现助剂的引入对 CO 的解离和加氢反应起着至关重要的作用，进而可以调控 C_{5+} 碳氢化合物和 C_2～C_4 烯烃的选择性。在费托合成反应中，碱金属离子被用作电子助剂，通过给活性表面捐赠电子提高催化剂的碱性，进而能够提高 CO 的化学吸附并阻碍 H_2 的化学吸附。加上 Na 离子的引入没有改变活性氧化物的组成和结构，使得 Na 为助剂的铁基催化剂在费托反应中呈现出较好的产物选择性。Fe/Na 催化剂获得了高达 59.0%（质量）的 C_{5+} 选择性和低至 11.3%（质量）的 CH_4 选择性。

与没有引入助剂的 Fe 催化剂相比，助剂 Zn 的引入导致较高的 H_2 转化率（81.3%），这有利于在烷基化反应过程中朝着加氢生成短链碳氢化合物的方向进行。基于此，Fe/Zn 催化剂表现出了较高的 CH_4 和低碳烷烃选择性。同为过渡金属，Mn 与 Zn 在费托反应的催化性能上却表现出很大的差异，在 Mn 引入的 Fe/Mn 催化剂上 CH_4 的生成被降至 14.7%（质量），同时低碳烷烃的选择性受到明显抑制，主要是因为 Mn 的引入降低了 H_2 转化率（48.6%），有利于烷基化反应朝着生成烯烃的方向进行。此外，XRD 结果表明 Mn 的引入导致铁锰尖晶石氧化物的生成，不利于前驱体向活性相的转变，导致 CO 转化率低至 37.4%。

通过进一步研究产物选择性随时间变化的情况发现，产物的分布与催化剂上的孔尺寸有关。随着费托反应时间的延长组成微球的纳米颗粒不断脱落，孔提供的限域效应也随之逐渐减弱，显示在 Fe/Na 催化剂上的活性和 C_{5+} 碳氢化合物的选择性也随之降低。而在具有小孔结构的 Fe/Mn 催化剂上，随着反应时间的延长微球不断膨胀，组成催化剂的孔的直径也逐渐变大，有利于烷基化反应过程中 CH_2 基团的插入，有效地抑制了催化剂失活并利于长链烯烃的形成，这一发现增进了孔对产物分布的理解。

第4章 孔尺寸可控的Fe_3O_4微球的制备及费托性能

能源产耗的不平衡是目前面临的一个巨大的全球性问题，尤其是像中国这种新兴的经济体（Calderone et. al.，2013）。采用费托合成技术制备替代能源，已被证明是一种能够满足能源需求的可行路线，主要是因为通过费托过程能够把合成气（H_2 和 CO 的混合气）直接转变为干净的液体燃料，不需要中间过程（Wang et. al.，2008，López et. al.，2012）。与 Co 或者 Ru 基催化剂相比，铁基催化剂在费托反应过程中呈现出较高的水煤气转换活性，更有利于把从煤或生物质中获取的具有低 H_2/CO 比的合成气转变为液体燃料（Abbaslou et. al.，2010，Galvis et. al.，2012，Galvis et. al.，2012）。基于此，以铁基材料为催化剂的费托反应一直是研究者关注的热点。

为了更好地调控费托反应中目标产物的选择性，研究者采用了多种方法来制备铁基催化剂，例如：共沉淀法、微乳液法、静电纺丝法、化学气相沉积法等（Hayakawa et. al.，2006，Pour et. al.，2014，Xiong et. al.，2014）。其中，共沉淀法凭借其温和的制备条件、简单的操作过程，而受到研究者的青睐。费托是一种结构敏感的反应，催化剂的形貌和尺寸对催化性能有很大的影响（Zhu et. al.，2011，Pendyala et. al.，2014，Santen et. al.，2009）。但是，采用共沉淀法制备的铁基催化剂具有形状和尺寸难调控的缺陷。因此，研究者采用多孔载体为模板，采用抽真空的方法制备了尺寸可控的催化剂。多孔载体的引入不仅能够提高活性金属的分散度，也促进了费托反应中热和质的传递（Zhang et. al.，2010，Enger et. al.，2011），进而优化了铁基催化剂在费托反应中的性能。但是，活性金属与载体之间通常存在很强的相互作用，这不利于还原过程中前驱体向活性相的转变，会降低催化剂在费托反应中的活性（Zhang et. al.，2010，Soled et. al.，2003，Okabe et. al.，2007）。因此，设计制备一种没有载体引入的、孔尺寸可调控的、催化性能优越的多孔铁基催化剂是非常有意义的。

基于此，以乙二醇为溶剂和还原剂，采用一步溶剂热法制备了分级多孔结构的四氧化三铁微球；单个的微球均是由邻近的多个四氧化三铁纳米颗粒组装而成的间隙孔，并且这些纳米颗粒被视为费托反应中的活性氧化物。需要特别指出的是，不同于传统的以多孔载体为模板采用浸渍法制备的负载型铁基催化剂，本研究中所制备的催化剂是在无多孔载体存在的情况下合成的。这就很好地避免了载体与活性金属之间的相互作用。对费托反应而言，载体提供的孔通常会在一定程度上影响铁基催化剂的还原度和活性金属的分度，并且负载型催化剂中通常会引入一种或多种助剂。因此，鲜少有文献中单独探讨孔对费托反应中催化性能的影响（López et. al.，2012，Wei et. al.，2003）。本研究中制备的无载体引入的多孔催化剂为单独研究孔对催化性能的影响提供了一种可行方案。此外，与以往报道的铁基催化剂相比，本章中合成的多孔材料能够更好地提高邻近颗粒之间的连通性及活性金属的分散度，进而增加 C_{5+} 碳氢化合物的选择性。由于限域效应的影响，孔能够抑制加氢反应的进行，进而促进烯烃和长链碳氢化合物的形成（Barkhuizen et. al.，2006，Peng et. al.，2007）。本研究中所制备的催化剂，在费托反应中的性能结果表明，孔直径为3.71nm、Fe散度为13.9%的催化剂在费托反应中呈现出了最好的 C_{5+} 选择性（质量分数59.0%）和最低的副产物选择性（CH_4，质量分数11.3%），并获得了高达93.2%的CO转化率。意味着采用此方法制备出的多孔材料，为费托反应制备烯烃和长链碳氢化合物提供了一种新的途径。

4.1 孔尺寸可控的 Fe_3O_4 微球的制备

本章采用一步溶剂热法制备了孔尺寸可调控的分级多孔结构的四氧化三铁微球。具体合成过程如下：首先，0.1mol/L 六水氯化铁溶解于30mL的乙二醇溶液中，随后加入0.8mol/L 无水乙酸钠；在磁力搅拌下完全溶解后，依次加入0.9mol/L 聚乙烯吡咯烷酮和7.0mL乙二胺；把此混合溶液置于50℃的水浴中加热搅拌30min；最后把上述溶液置于100mL的聚四氟乙烯反应釜中，在 200℃下反应 10h。反应结束后，产生的黑色沉淀用去离子水和无水乙醇洗涤多次，并在 60℃下烘干备用；为了便于后续的讨论，此样品被命名为 3PFe 催化剂。在相同的制备条件下，通过改变加入聚乙烯吡咯烷酮的量，分别制备了 1PFe（0.3mol/L）和 0PFe（0.0mol/L）催化剂。

4.2　孔尺寸可控的 Fe_3O_4 微球的形貌与结构特征

采用一步溶剂热法，在 200℃条件下反应 10h，制备出了分级多孔结构的 Fe_3O_4 微球。在此过程中，乙二醇不仅是反应溶剂，也可用作能够把 Fe^{3+} 还原为 Fe^{2+} 的还原剂。无水乙酸钠在溶剂热反应中作为水解促进剂，加速铁离子的水解。聚乙烯吡咯烷酮在此过程中不仅被用作保护剂来增强样品在催化反应中的稳定性，也被用来调控纳米晶的聚集速率，进而调控微球的大小和孔尺寸。图 4.1 给出了样品的 XRD 图谱。从图中可知，三种样品的粉末衍射样式均与标准的面心立方结构的磁性 Fe_3O_4 相吻合，并且检测到的衍射峰的信号均非常强、峰比较尖锐。此外，从图 4.1 中没有观察到除 Fe_3O_4 以外的杂质峰，表明通过此方法制备的样品为结晶性良好的 Fe_3O_4。

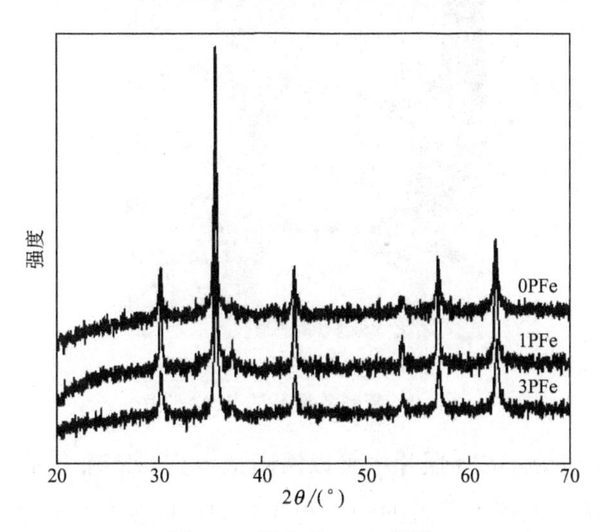

图 4.1　样品的 XRD 图谱

从图 4.2 给出的 SEM 照片可知，所制备的 Fe_3O_4 微球均是由多个 Fe_3O_4 纳米颗粒密堆积而成的分级结构。特别地，通过改变聚乙烯吡咯烷酮的量，制备出了直径可调的微球（150～225nm）。当聚乙烯吡咯烷酮的量为 0.9mol/L 时，微球的直径为 150nm [3PFe，图 4.2 (a)]；当把聚乙烯吡咯烷酮的浓度降低至 0.3mol/L 时，微球的直径增加至 200nm ［1PFe，图 4.2 (b)］；如图 4.3（c）所示，当不加入聚乙烯吡咯烷酮时，微球的直径增加到 225nm（0PFe）。从上述分析可知，微球的直径与引入的聚乙烯吡咯烷酮的量成反比，这主要是因为随着引入的聚乙烯吡咯烷酮的量的增多，导致溶液的黏度增大，减弱了新生成的纳米晶体在溶液中向邻近的纳米颗粒的迁移和聚集速率，进而生成了较小尺寸的微球（Zhang et al.，2012）。

(a) 3PFe (b) 1PFe (c) 0PFe

图 4.2 新制备样品的 SEM 照片

从图 4.2 所示的 SEM 照片中可以清晰地观察到微球表面存在着孔结构，并且这种孔是单个微球上邻近的纳米颗粒之间的间隙孔，表明此种微球可能是多孔材料。基于此，通过 N_2 吸脱附测试获得了微球的比表面积和孔尺寸。通过计算可知，3PFe、1PFe、0PFe 微球的比表面积分别为 45.4m^2/g、41.9m^2/g、48.1m^2/g，相应的孔尺寸分别为 2.39nm、3.71nm、3.70nm；结果表明，本章中制备的 Fe_3O_4 微球为多孔材料。需要特别指出的是，具有相对较大比表面和孔尺寸的微球，在催化反应中能够为反应物提供一个大的接触面积，并能更好地促进产物的扩散（Peng et al.，2007）。预示着，本章中合成的多孔材料可用作费托反应中的催化剂。

4.3　孔尺寸可控的 Fe_3O_4 微球的费托性能

4.3.1　孔尺寸对产物收率的影响

费托反应中的催化性能测试在 280℃、2MPa、$H_2/CO=1$ 氛围下进行测试。通过计算在费托反应中每克催化剂每秒转化为碳氢化合物和二氧化碳所消耗的 CO 的量，计算出了不同反应时间下的 CO 转化率。

图 4.3(a) 给出了 CO 转化率随反应时间变化的曲线。过了最初的反应活化期后，没有引入聚乙烯吡咯烷酮的 0PFe 催化剂的活性呈现出比较快的降低趋势。随着反应的进行，1PFe 催化剂的反应活性也逐渐下降。与 0PFe 和 1PFe 催化剂相比，费托反应 48h 的过程中 3PFe 催化剂的活性相对稳定。从图 4.3(a) 可知，费托反应中催化剂的 CO 转化率从高到低依次是：3PFe，1PFe，0PFe，证实了聚乙烯吡咯烷酮的引入可以增强催化剂的稳定性。

对于费托反应而言，相比于催化活性，研究者更关注于目标产物的选择性。基于此，通过在线 GC 色谱计算出了尾气中 $C_1 \sim C_6$ 范围内每种碳氢化合物的质量；采用离线的 GC 色谱计算得出液相中每个碳数对应的产物的质量，进而计算得出每克铁每秒产生的碳氢化合物的量，并标记为产物收率。总产物收率为每一个碳数的产物收率的总和。

图 4.3(b) 给出了费托反应 24h 的催化剂的产物收率。研究发现，1PFe 催化剂的产物收率比 3PFe 和 0PFe 催化剂的产物收率高；反应 24h 后 1PFe 催化剂的产物收率为 $3.52\times10^{-3}\cdot g_{HC}\cdot {g_{Fe}}^{-1}\cdot s^{-1}$。特别地，1PFe 催化剂也给出了最佳的 C_{5+} 碳氢化合物的收率，高达 $2.08\times10^{-3}\cdot g_{HC}\cdot {g_{Fe}}^{-1}\cdot s^{-1}$。此时，$CH_4$ 的收率低至 $3.97\times10^{-4} g_{HC}\cdot {g_{Fe}}^{-1}\cdot s^{-1}$。需要特别指出的是，这个值比文献中报道的以 K 掺杂的碳化铁纳米晶体为催化剂时获得的最大值还大（$8.17\times10^{-4} g_{HC}\cdot {g_{Fe}}^{-1}\cdot s^{-1}$，Park et al.，2014）。0PFe 为催化剂获得的 C_{5+} 收率为 $1.77\times10^{-3} g_{HC}\cdot {g_{Fe}}^{-1}\cdot s^{-1}$。虽然 3PFe 在费托反应中收获了最高的 CO 转化率，但 C_{5+} 的收率却低至 $1.15\times10^{-3} g_{HC}\cdot {g_{Fe}}^{-1}\cdot s^{-1}$，并且副产物 CH_4 的收率高达 $5.71\times10^{-4} g_{HC}\cdot {g_{Fe}}^{-1}\cdot s^{-1}$。综上所述，1PFe 催化剂为此反应体系中性能最优异的催化剂。

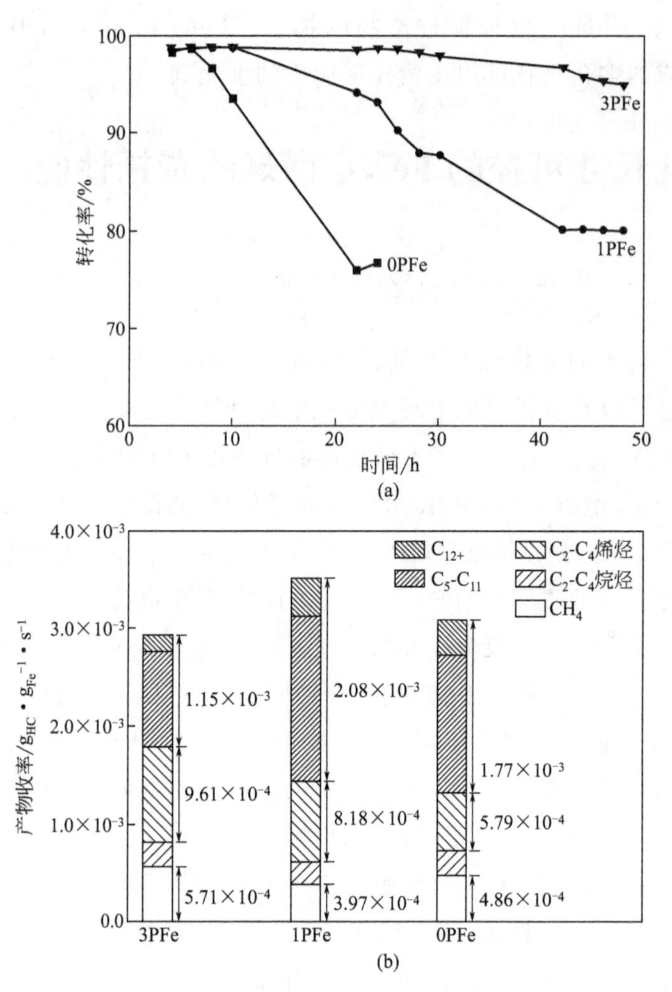

图 4.3 CO 转化率随反应时间变化的曲线（a）和费托反应 24h 时的产物收率（b）

4.3.2 孔尺寸对产物选择性的调控机理

在费托反应过程中，通过 CO 的解离和加氢过程形成 CH_3 基团；随后，加氢反应与 CH_2 插入反应之间进行竞争；加氢反应有助于副产物 CH_4 的形成，CH_2 基团的插入促进链增长获得长链碳氢化合物；最终，链增长反应通过氢抽离反应得到烯烃或者加氢反应形成烷烃而实现终止。先前的研究已经证明，孔尺寸对产物的分布有重要的影响（Zhang et al.，2010，Zhang et al.，2015），尤其是介孔材料。在费托反应过程中，介孔材料可被视为纳米反应器，通过往吸附在催化剂表面的烷基上插入 CH_2 中间体促进链增长，并抑制加氢反应的进行（Enger et al.，2011）；具有较小孔尺寸的催化剂不利于链增长反应的进行，在费托反应过程中更容易使反应朝着形成低碳化合物（C_1～C_4）的方向进行。

大的孔尺寸更利于费托反应中热和质的传递，有助于产物的运输，进而促进反应朝着链增长方向进行，阻碍副产物 CH_4 的形成。费托反应产物的选择性定义为，每个碳数的碳氢化合物的质量与总碳氢化合物的质量比。

表 4.1 给出了本研究中三种催化剂费托反应 24h 的催化性能；三种催化剂的 C_{5+} 碳氢化合物的选择性从高往低依次为：1PFe＞0PFe＞3PFe。上述分析可知，与拥有小孔尺寸的 3PFe（2.39nm）催化剂相比，孔尺寸较大的 1PFe（3.71nm）和 0PFe（3.70nm）催化剂在费托反应过程中呈现出较低的 CH_4 选择性和高的 C_{5+} 碳氢化合物的选择性；综上所述，孔尺寸对费托产物的选择性在一定程度上起着重要影响。

表 4.1　催化剂在费托条件下反应 24h 的催化性能

催化性能		3PFe	1PFe	0PFe
CO 转化率/%		98.7	93.2	76.9
质量平衡/%		97.6	96.0	98.2
CO_2 转化率/%(从 CO 转化)		38.4	42.7	35.0
产物选择性/%(质量)	CH_4	19.4	11.3	15.8
	C_2～C_4 烷烃	8.6	6.4	8.3
	C_2～C_4 烯烃	32.8	23.3	18.8
	C_{5+} 碳氢化合物	39.2	59.0	57.1
烯烃/烷烃(质量比)	C_2～C_4	3.81	3.64	2.27

虽然 0PFe（3.70nm）与 1PFe（3.71nm）催化剂具有相近的孔直径，但是二者却呈现出不同的催化性能（表 4.1）；主要是因为组成催化剂的孔的大小影响活性金属的分散度，进而影响费托反应过程中热和质的传递及催化产物的运输（Galvis et al.，2006，Zhang et al.，2010，Peng et al.，2007）。为了证实活性金属 Fe 的分散度与产物选择性的关系，本章根据 CO-TPD 计算得出 CO 的吸附量；然后计算出了活性金属 Fe 的分散度。从表 4.2 所示的数据可知，分散度为 13.9%的 1PFe 催化剂在费托反应中获得了最好的 C_{5+} 选择性（质量分数 59.0%）和最低的甲烷选择性（质量分数 11.3%）；与 1PFe 催化剂相比，Fe 分散度为 8.2%的 0PFe 催化剂给出了相对低的 C_{5+} 碳氢化合物的选择性（质量分数 57.1%）和较高的甲烷选择性（质量分数 15.0%）。虽然 3PFe 获得了最大的 Fe 分散度（15.0%），但是，

在费托反应中给出了最差的 C_{5+} 碳氢化合物选择性（质量分数 39.2%），并且副产物 CH_4 的选择性却高达 19.4%（质量）。从上述分析可知，活性金属 Fe 分散度为 13.9%的 1PFe 催化剂为本章的最优催化剂，在费托反应中它获得了高达 59.0%（质量）的 C_{5+} 碳氢化合物选择性和最低的 CH_4 选择性（质量分数 11.3%）。值得注意的是，所有的催化剂均给出了较好的烯烃与烷烃的比值，进一步证明了孔提供的限域效应能够抑制费托反应中的加氢反应，促进烯烃的生成并抑制烷烃的选择性。

表 4.2 活性金属 Fe 的分散度

催化剂	CO 化学吸附量/(μmol/g)	Fe 分散度/%
3PFe	969	15.0
1PFe	897	13.9
0PFe	527	8.2

如表 4.1 所示，只关注 C_2～C_4 碳数范围的烯烃选择性，3PFe 催化剂给出了高达 32.8%（质量）的低碳烯烃选择性；这个结果高于文献中报道的通过铁催化剂（质量分数 22.5%）和碳纳米管支撑的 Fe-Mn 催化剂（质量分数 32.3%）获得的烯烃选择性（Tu et al.，2015，Xu et al.，2013）。

研究中发现催化剂中活性金属 Fe 的分散度的大小顺序与费托反应中 CO 转化率的大小顺序一致：3PFe，1PFe，0PFe，主要是因为 CO 的化学吸附量决定着 Fe 的分散度（表 4.2）；与活性金属分散度有关的活性位的数目影响着 CO 的转化率。先前文献中报道的活性金属 Fe 分散度为 4%的铁催化剂，费托反应中 C_{5+} 碳氢化合物的选择性为 40.1%（质量）。这个结果和本章中采用的 3PFe 为费托催化剂得到的 C_{5+} 的选择性相近（质量 39.2%）。但是，文献报道的催化剂在费托反应中副产物 CH_4 的选择性高达 20.7%（质量），并且 CO 的转化率只有 20.7%（质量）（Tu et al.，2015）。结果表明，活性金属分散度适宜的催化剂在费托反应中呈现出较好的催化性能。

费托反应是一种结构敏感的反应，催化剂的形状和尺寸在一定程度上影响着催化剂的活性和产物的选择性（Zhang et al.，2010，Enger et al.，2011）。为了进一步探究孔尺寸对产物选择性的影响，本章研究了不同反应时间下的 1PFe 的形貌变化情况和相应的催化性能。对多孔催化剂而言，随着费托反应的进行，多孔催化剂的内外表面均被合成气填充，这就会在催化剂内外表面产生一定的压力差；此种压力不平衡现象将会强制纳米颗粒从微球表面脱离。

为了直观地观察催化剂在费托反应中的形貌变化情况，给出了 1PFe 催化剂费托反应 0h、12h、24h、48h 的 SEM 照片，如图 4.4 所示。与图 4.2（b）所示的新制备的催化剂相比，还原后（0h）催化剂的结构更加的紧密[图 4.4(a)]；此时，我们可以观察到具有光滑表面的类球形结构。当反应延长至 12h 时，可以观察到脱落后的催化剂再生长成为类八面体结构［图 4.4(b)]。从图 4.4(c) 可以发现，更多的纳米颗粒从微球上脱落下来；最终生长成为图 4.4（d）所示的类八面体结构。更为重要的是，随着纳米颗粒不断地从微球表面脱落，组成微球的孔结构也逐渐地被破坏，减弱了费托反应中的限域效应，阻碍了链增长，进而抑制了 C_{5+} 碳氢化合物的形成。与反应 24h 的选择性相比，费托反应 48h 后，C_{5+} 的选择性从 59.0%（质量）降低至 49.5%（质量）；同时，烯烃与烷烃的比值也呈现出下降的趋势（表 4.3)。上述结果进一步证明了孔在调控产物选择性上起着至关重要的作用。

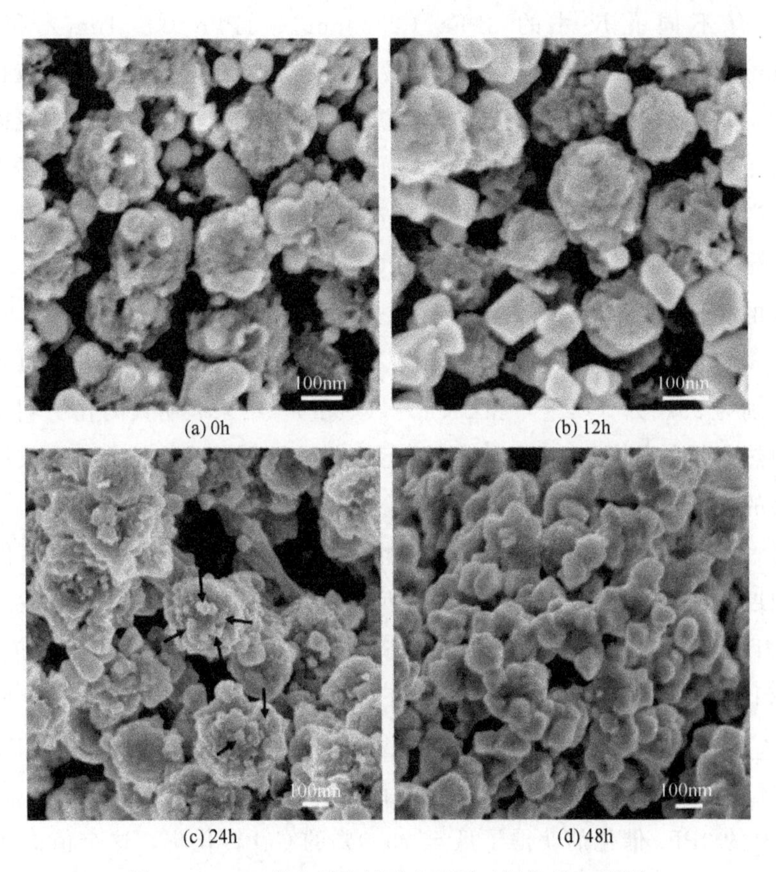

图 4.4　1PFe 催化剂费托反应不同时间的 SEM 照片

表 4.3 1PFe 催化剂费托反应 24h 和 48h 的催化性能

催化性能		24h	48h
CO 转化率		93.2	80.1
质量平衡/%		96.0	96.3
产物选择性/%(质量)	CH_4	11.3	14.8
	C_2～C_4 烷烃	6.4	8.3
	C_2～C_4 烯烃	23.3	27.4
	C_{5+} 碳氢化合物	59.0	49.5
烯烃/烷烃质量比	C_2～C_4	3.64	3.30

4.4 性能概述

本研究中采用溶剂热法，通过调节引入的聚乙烯吡咯烷酮的量成功制备出了具有不同孔尺寸的 3PFe（2.39nm）、1PFe（3.71nm）和 0PFe（3.70nm）催化剂。特别地，每一个微球均是由四氧化三铁纳米颗粒自组装而成的，每一个纳米颗粒都是费托反应中的活性氧化物。此外，组成微球的孔来自于邻近的纳米颗粒的间隙孔。通过比较上述三种催化剂在费托合成反应中的产物选择性发现，孔尺寸为 3.71nm 的 1PFe 催化剂不仅获得了高达 93.2%的 CO 转化率，还给出了最高的 C_{5+} 收率（$2.08\times10^{-3}g_{HC}\cdot g_{Fe}{}^{-1}\cdot s^{-1}$）和最低的 CH_4 收率（$3.97\times10^{-4}g_{HC}\cdot g_{Fe}{}^{-1}\cdot s^{-1}$）。具有相近孔尺寸的 0PFe（3.70nm）给出了与 1PFe（3.71nm）相近的 C_{5+} 碳氢化合物的选择性，分别为 59.0%（质量）和 57.1%（质量）。结果表明大的孔更利于费托反应中热和质的传递，有助于产物的运输，进而促进反应朝着生成长链碳氢化合物的方向进行并阻碍 CH_4 的形成。

进一步研究催化剂上产物的分布情况发现，虽然 0PFe 与 1PFe 催化剂具有相近的孔直径，但是二者在费托反应中呈现出不同的催化活性。根据 CO-TPD 计算得出 3PFe、1PFe 和 0PFe 催化的 Fe 分散度从高到低依次是：3PFe（15.0%），1PFe（13.9%），0PFe（8.2%）。上述顺序与与费托反应 24h 的 CO 转化率的大小顺序一致。主要是因为 Fe 的分散度与 CO 的吸附量及活性位的数目有关，而活性位的数目直接决定着 CO 转化率大小。分散度为 8.2%的 0PFe 催化剂获得了低至 76.9%的 CO 转化率，这个值高于文献中报道的活性金属 Fe 分散度为 4%的铁催化剂上获得的 CO 转化率

(20.7%)。结果表明，活性金属的分散度决定着催化剂在费托反应中的活性。另一方面，XRD图谱结合Mössbauer图谱证实 Fe_5C_2 是此反应体系的活性相，碳沉积阻碍合成气与活性相的相互接触，进而导致CO转化率随反应时间逐渐降低。

通过研究1PFe催化剂随时间变化的费托性能发现孔在调控产物选择性上起着至关重要的作用。通过不同反应时间下催化剂的SEM照片可知，随着纳米颗粒不断地从微球表面脱落，组成微球的孔结构也逐渐地被破坏。费托反应是一种结构敏感的反应，催化剂的形状和尺寸在一定程度上影响着催化活性和产物的选择性。加之微球结构的破坏减弱了孔提供的限域效应，阻碍了链增长，进而抑制了 C_{5+} 碳氢化合物的形成。1PFe催化剂上 C_{5+} 的选择性从质量分数59.0%（24h）降低至49.5%（48h）。

第5章 Ag引入的铁基催化剂的制备及费托性能

费托合成反应被认为是一种能够通过烷基化反应把合成气（H_2 和 CO 的混合气）有效地转变为低碳烯烃或长链碳氢化合物的技术。特别地，采用费托合成技术制备的长链碳氢化合物和低碳烯烃能够满足液体燃料和化学工业的要求（Zhang et al.，2009，Galvis et al.，2012）。相比于钴基和钌基催化剂，铁基催化剂具有高的水煤气转换活性，有利于转化来源于煤或生物质的低 H_2/CO（摩尔比）的合成气（Galvis et al.，2012，Wang et al.，2003，Jin et al.，2000）。但是，铁基催化剂在高温费托反应过程中的机械稳定性比较差，阻碍了短链碳氢化合物的形成。为了提高催化剂在费托反应过程中的稳定性和目标产物的选择性（Galvis et al.，2012，Zhang et al.，2010，Wan et al.，2008），通常会往铁基催化剂中引入功能不同的多种结构助剂，通过多种助剂的协同作用达到优化催化性能的目的。不同的助剂在费托反应中的协同作用仍然存在争议（Zhang et al.，2010），很难探究一种助剂在费托合成反应中对催化性能的影响。此外，引入的多种助剂之间也往往会存在一定的相会作用，这也增加了费托合成反应中机理研究的复杂程度。

除了助剂，为了提高活性金属的分散度，合成铁基催化剂的过程通常会引入多孔载体；进而调控催化剂的稳定性并增强目标产物的选择性（Galvis et al.，2012，Zhang et al.，2010，Xiong et al.，2014）。但是，载体的引入通常会对活性金属的电子状态产生不可避免的影响，这将会阻碍费托反应过程中 CO 的解离能力（Khodakov et al.，2007）。载体和活性相间的相互作用也将会在一定程度上制约催化剂在费托反应中的催化行为。如果载体与活性金属间产生弱的相互作用，会导致活性金属的分散度变差，一旦此种相互作用比较强便会阻碍还原过程中前驱体向活性相的转化（Zhang et al.，2010）。研究发现采用负载型铁基材料为催化剂的费托反应中催化剂的活性和选择性之间存在着反比例关系（Galvis et al.，2012）。

研究发现，贵金属为助剂的Co基催化剂在费托反应过程中呈现出较好的催化性能，贵金属的引入不仅可以促进前驱体还原成为活性金属钴，而且能够提高目标产物的选择性。虽然有大量的报道中提及贵金属助剂对Co基催化剂在费托反应中的催化性能具有优化作用，但是很少有研究中提到贵金属助剂对铁基催化剂在费托反应过程中催化行为的影响（Zhang et al.，2010）。对铁基催化剂而言，为了优化催化性能通常会向铁基催化剂中引入多种功能不同的结构助剂，每种助剂在费托反应过程中均会对催化行为产生或多或少的影响。助剂之间可能也会存在一些相互作用。因此，很难探究单一助剂在费托反应中起到的作用，这也是很少有报道中提到单一的助剂对催化性能产生影响的原因；这或许也是鲜少有报道提及银助剂对铁基催化剂性能影响的主要因素之一。

为了提高催化剂在费托反应过程中的活性和稳定性，本研究中采用一步溶剂热法合合成了孔尺寸为12.4nm的四氧化三铁纳米颗粒，并研究了其在费托合成反应中的催化性能。研究发现，费托反应48h的四氧化三铁催化剂的CO转化率为98.3%；C_{5+}碳氢化合物的选择性为54.2%（质量），其中汽油段碳氢化合物（C_5～C_{11}）的选择性为50.3%（质量）。为了探究银助剂对费托性能的影响，在此基础上，采用一步溶剂热法合成了高活性的Ag为助剂的复合结构催化剂。此种催化剂为无载体引入的多孔核壳结构；其中银助剂为核，Fe_3O_4纳米颗粒为壳层材料，活性金属氧化物Fe_3O_4纳米颗粒分散在银助剂表面形成多孔核壳结构。孔是由邻近的四氧化三铁纳米颗粒形成的间隙孔。此种孔能够增强活性金属纳米颗粒的分散度，并促进催化剂在催化反应过程中热和质的传递。需要特别指出的是，没有关于合成此种核壳结构催化剂的报道，并且也没有相关的文献探究过银助剂在费托反应中的作用，也就是说目前研究中欠缺关于银对铁基催化剂在费托反应中性能的影响的报道。

为了研究银助剂对铁基催化剂在费托合成反应中的活性和产物选择性的影响，通过调控硝酸银的浓度合成了不同银含量的$0.5Ag/Fe_3O_4$、$0.8Ag/Fe_3O_4$、Ag/Fe_3O_4催化剂。与无银添加的四氧化三铁催化剂相比，银引入的核壳结构催化剂在费托反应过程中呈现出较好的催化性能。

研究发现，本章合成的银为助剂的铁基催化剂在费托反应中呈现出优异的低碳烯烃选择性和C_{5+}碳氢化合物的选择性（尤其是$C_5 \sim C_{11}$段碳氢化合物的选择性）。此外，银助剂的引入对降低副产物CH_4的选择性和提高低碳烯烃（$C_2 \sim C_4$）的产率及催化活性有一定的促进作用，尤其是0.8Ag/Fe_3O_4催化剂。费托反应48h时，0.8Ag/Fe_3O_4催化剂获得了高达96.4%的CO转化率和最高的$C_2 \sim C_4$烯烃选择性（质量分数28.3%）以及最低的CH_4选择性（质量分数12.1%），并且C_{5+}碳氢化合物的选择性高达52.0%（质量）。更重要的是，这些过程中0.8Ag/Fe_3O_4催化剂呈现出最高的催化活性（$>1.6 \times 10^{-4} mol_{co} \cdot g_{Fe}{}^{-1} \cdot s^{-1}$）和最好的产物收率（$5.25 \times 10^{-3} g_{HC} \cdot g_{Fe}{}^{-1} \cdot s^{-1}$）。

5.1 Ag引入的铁基微球的制备

本章中采用一步溶剂热法合成了用于费托合成反应的铁基催化剂。详细的制备过程如下：往含有0.3mol/L聚乙烯吡咯烷酮和0.05mol/L硝酸银的30mL乙二醇溶液中加入2mL的硼氢化钠（0.13mol/L）水溶液；随后依次加入银与四氧化三铁质量比为0.5的六水氯化铁、0.8mol/L的无水乙酸钠和7.0mL的乙二胺；上述混合溶液在50℃的水浴环境中保温30min后转移到100mL的聚四氟乙烯反应釜中；最后把密封的高压反应釜置于200℃的烘箱中保温反应15h；反应结束后收集的黑色沉淀用水和无水乙醇多次洗涤后烘干备用。此过程制备的样品被命名为0.5Ag/Fe_3O_4催化剂。为了更好地探究Ag的引入对费托性能的影响，通过调整引入的硝酸银的浓度制备出了0.8Ag/Fe_3O_4和Ag/Fe_3O_4催化剂。此外，除了不加入硝酸银溶液外，在保证其它制备条件不变的情况下合成出了没有银引入的Fe_3O_4催化剂。

5.2 Ag引入的铁基微球的形貌与结构特征

在铁基微球的制备过程中乙二醇不仅是反应的溶剂，还可作为强的还原剂；在溶剂热反应过程中，乙二醇能够把三价铁离子还原成二价铁离子，进而通过水解和脱水过程形成四氧化三铁。此外，乙二醇具有强的螯合能力，在溶剂热过程中能够利用它的羟基配体形成复合材料（Deng et al.，2005，Chen et al.，2004）。特别地，聚乙烯吡咯烷酮可作为表面稳定剂，主要是因为聚乙烯吡咯烷酮上酰亚胺基上的孤对电子具有强的亲和能力，在空间位阻的作用下，能够调控纳米颗粒的定向迁移，并阻碍活性纳米颗粒团聚（Pol et al.，2005）。

在反应过程中聚乙烯吡咯烷酮能够吸附在纳米晶的表面并形成保护碳层；在自组装过程中，邻近的纳米颗粒在聚乙烯吡咯烷酮的选择性吸附作用下朝着一定的方向迁移，并分散在某一晶面的表面，进而诱导这些纳米晶可以共享一个晶面。从图 5.1(a) 所示的扫描电镜照片中可以观察到聚集的四氧化三铁纳米颗粒；这是因为在成核过程中，为了降低表面能，邻近的纳米颗粒迁移聚集的结果。换句话说，新形成的纳米颗粒会朝着聚乙烯吡咯烷酮稳定的能量比较低的颗粒的表面进行迁移。在此基础上，得到了如图 5.1、图 5.2 所示的具有核壳结构的多孔材料的机理图。

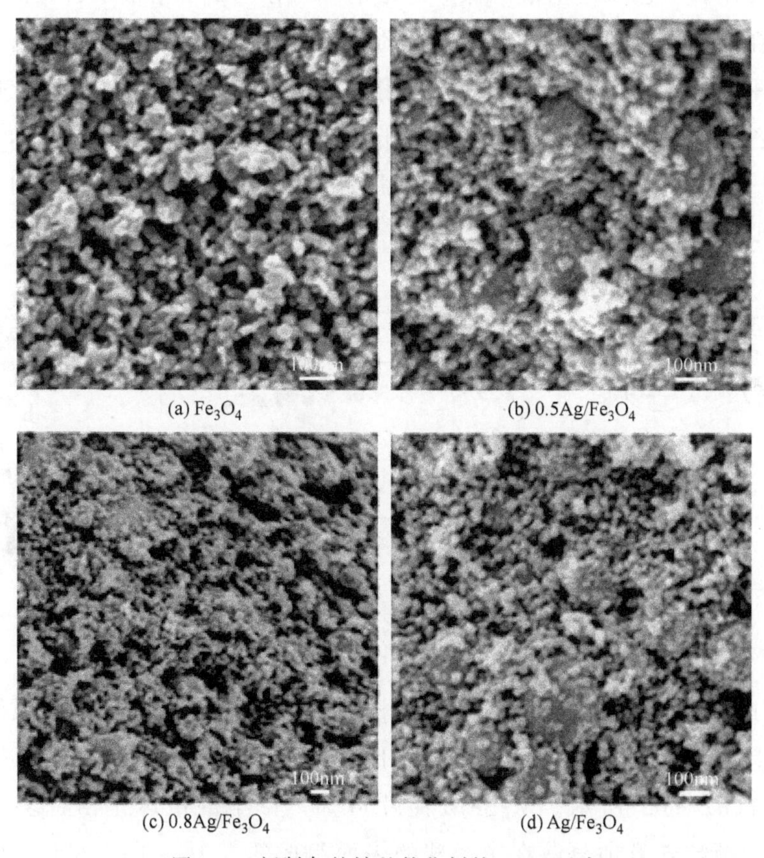

(a) Fe_3O_4　(b) $0.5Ag/Fe_3O_4$　(c) $0.8Ag/Fe_3O_4$　(d) Ag/Fe_3O_4

图 5.1　新制备的铁基催化剂的 SEM 照片

本章制备的复合材料以银纳米球为核，四氧化三铁纳米颗粒为壳层材料。核壳结构具体的形成过程如图 5.3 所示：首先，通过硼氢化钠对硝酸银

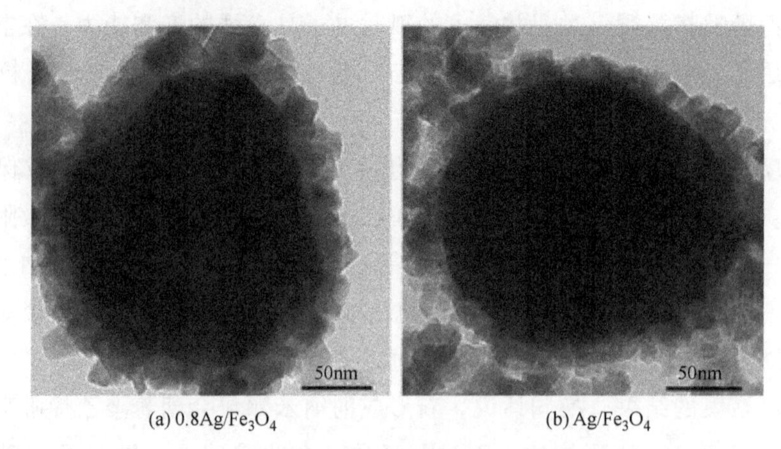

(a) $0.8Ag/Fe_3O_4$　　(b) Ag/Fe_3O_4

图 5.2　制备的铁基催化剂的 TEM 照片

的还原作用，聚乙烯吡咯烷酮保护的银纳米晶在乙二醇溶液中首先形核；紧接着，在溶剂热反应过程中，新形成的四氧化三铁纳米晶体就会朝着聚乙烯吡咯烷酮保护的银纳米颗粒迁移并吸附在银纳米颗粒的表面，这种定向吸附是由聚乙烯吡咯烷酮形成的有机层上的孤对电子驱动的（Pol et al.，2005，Jia et al.，2008）；这也就是为什么采用此方法可以制备出核壳结构复合材料的主要原因。

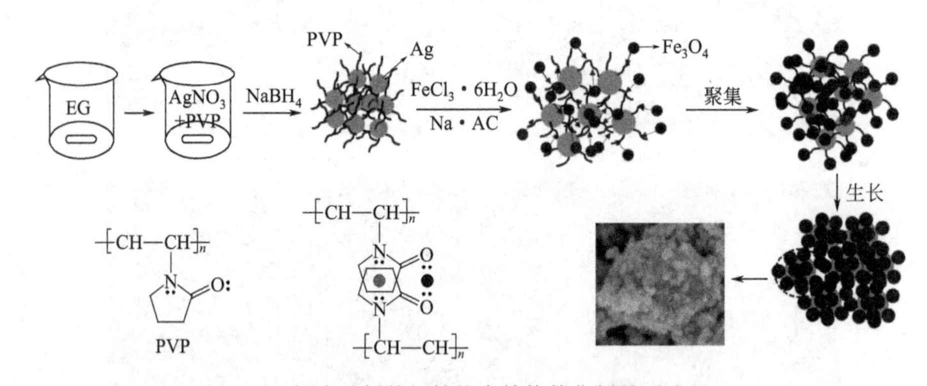

图 5.3　银为助剂的银铁核壳结构催化剂的形成机理

为了进一步证实银为助剂的复合材料的形貌，通过改变硝酸银的浓度制备了具有不同银和四氧化三铁质量比的复合材料，相应的扫描电镜照片如图 5.1(b)～(d)所示。从 SEM 照片可知，单个的微球是由许多四氧化三铁纳米颗粒随意地分散在银微球的表面组成的。为了进一步证明所合成的微球是一种核壳结构的复合材料，获取了如图 5.2(a) 和 (b) 所示的 $0.8Ag/Fe_3O_4$ 和 Ag/Fe_3O_4 微球的 TEM 照片。从样品的透射电镜照片中可以清晰地观察到单个的微球是由一个核及分散在核表面的许多纳米颗粒组成的核壳结构。重要的是，组成核壳结构的壳层材料的形貌[图 5.1(b)～(d)]与图 5.1(a) 所示的四氧化三铁纳米颗粒的形貌相同，进一步证明了壳层材料由四氧化三铁纳米颗粒组成。结果表明，采用此方法成功合成出了银为核四氧化三铁为壳的核壳催化剂。

为了进一步验证图 5.3 的合理性，以及更直观地观察核壳结构在溶剂热反应中的形成过程。在不改变 0.8Ag/Fe_3O_4 微球的制备参数的条件下，通过调整样品在溶剂热反应中的时间，除 15h 的样品外，还获得了反应 5h 和 10h 的样品。为了直观地观察 0.8Ag/Fe_3O_4 微球的形貌演变过程，获取了不同反应时间下的样品的 SEM 照片。从图 5.4(a) 所示的溶剂热反应 5h 的样品的 SEM 照片中可以观察到四氧化三铁纳米颗粒包覆的银微球。但是，由于此时四氧化三铁纳米颗粒的结晶性比较差，导致所观察到的纳米颗粒的边界比较模糊。这可能是因为在四氧化三铁纳米晶的形成过程中新形成的纳米晶为了获取平衡状态朝着银核定向吸附还没来得及长大的结果。

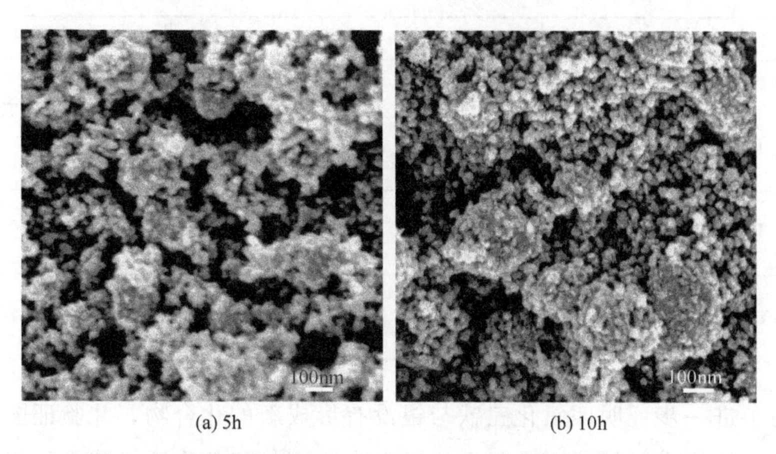

图 5.4　不同反应时间下 0.8Ag/Fe_3O_4 催化剂的 SEM 照片

根据奥斯特瓦尔德熟化机制，通过这种定向迁移过程，邻近的纳米晶体将会沿着特定的方向生长成为一个大的纳米颗粒，进而降低表面能（Jia et al.，2008，Xiong et al.，2012）。当溶剂热反应时间延长至 10h 时，从图 5.4(b) 给出的 SEM 照片中可以观察到平均粒径为 25nm 的四氧化三铁纳米颗粒。当溶剂热反应的时间延长至 15h 时，四氧化三铁纳米颗粒的尺寸增加至 40nm [图 5.1(b)]。实验结果与图 5.3 假定的形成机理完全相符，进而说明所推理的形成机理的合理性。

为了验证上述制备的材料为银与四氧化三铁形成的复合材料，获取了如图 5.5(a) 所示的 XRD 图谱。没有银引入的样品粉末 XRD 衍射图谱表明，所有的峰均与立方结构的四氧化三铁相匹配，没有观察到除四氧化三铁以外的杂质峰，表明没有银引入的样品为 Fe_3O_4 催化剂。与没有引入银的 Fe_3O_4 的衍射相比，可以从引入银后的样品 XRD 图谱中位于 37.9°、44.1°、64.7°及 77.5°处观察到与银的（111）、（200）、（220）、（311）晶面相对应的峰，这些峰均为金属银的特征 XRD 衍射峰，并且催化剂中银具有很好的结晶性。特别地，没有观察到除了四氧化三铁以外的杂质氧化物的峰，意味着在四氧化三铁的形核过程中银没有占据三价铁离子的四面体位置。换句话说，银与四氧化三铁之间没有形成银铁氧化合物。另外，为了考察银在所制备出的复合材料中的含量，采用电感耦合等离子体发射光谱仪测试出了组成样品的不同组分的含量，如表 5.1 所示。综上所述，银以核的形式成功引入到复合材料中，并且没有与 Fe_3O_4 形成新的物相。

表 5.1 样品的电感耦合等离子体发射光谱数据

催化剂	元素	强度	校准单位/(mg/L)	样品浓度单位/(mg/L)
Fe_3O_4	Fe	4420962.8	14.91	14.91
$0.5Ag/Fe_3O_4$	Fe	2968109.4	9.998	9.998
	Ag	4119033.8	6.600	6.600
$0.8Ag/Fe_3O_4$	Fe	2679949.8	9.023	9.023
	Ag	4798372.5	7.631	7.631
Ag/Fe_3O_4	Fe	2292262.3	7.712	7.712
	Ag	5574656.4	8.810	8.810

为了进一步证明四氧化三铁与银没有形成新的化合物，并验证图 5.3 给出的核壳结构中四氧化三铁与聚乙烯吡咯烷酮的配位作用，获得了相应样品的红外光谱图。为了更好地对比，给出了没有参加反应的聚乙烯吡咯烷酮的红外光谱图；图谱中波数在 $3640cm^{-1}$ 处的峰为 O—H 键的伸缩振动峰 (Xuan et al.，2009)；通过比较聚乙烯吡咯烷酮的红外光谱图与产物的红外光谱图可以发现产物的红外光谱图与纯的聚乙烯吡咯烷酮的相似；位于 $2860\sim3000cm^{-1}$ 的吸收峰为 C—H 拉伸峰，波数为 $1663.9cm^{-1}$ 处的峰是由于 C ═O 拉伸产生的。特别地，$584cm^{-1}$ 处的尖峰归因于四氧化三铁中 Fe—O 晶格模式 [图 5.3(b)，Fan et al.，2011]。

值得注意的是，反应前后 C—H 的吸收峰从 $1427.6cm^{-1}$（纯的聚乙烯吡咯烷酮）移动到 1442.8cm^{-1}（反应后样品），伴随着 C═O 伸缩振动峰从 1663.9cm^{-1}（纯的聚乙烯吡咯烷酮）迁移到 1632.8cm^{-1}（反应后样品）；反应前后 C═O 和 C—H 键的振动表明，反应后聚乙烯吡咯烷酮与四氧化三铁发生了配位反应（Zhu et al.，2011）。

四氧化三铁与聚乙烯吡咯烷酮间可能的作用机理已经在图 5.3 中给出了直观的描述。此外，银引入的复合材料的红外图谱与没有引入银的红外图谱完全一致，这意味着银的引入没有形成 Ag-O 键。通过以上分析可知四氧化三铁是所制备的样品中唯一的氧化物，上述分析结果与图 5.5(a) 给出的 XRD 分析结果一致。

众所周知，费托合成是在催化剂的活性表面进行的一种反应，为了进一

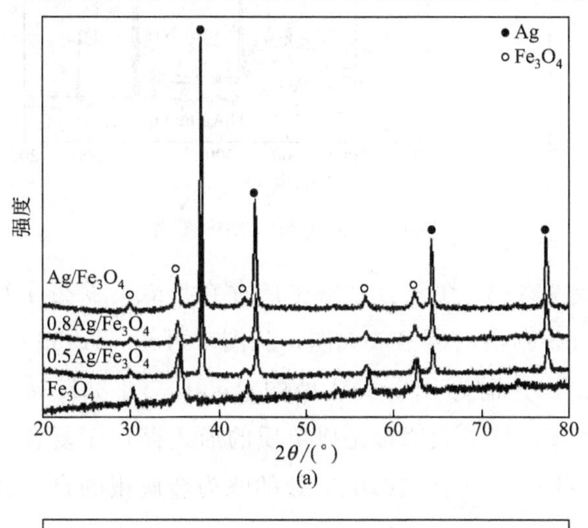

(a)

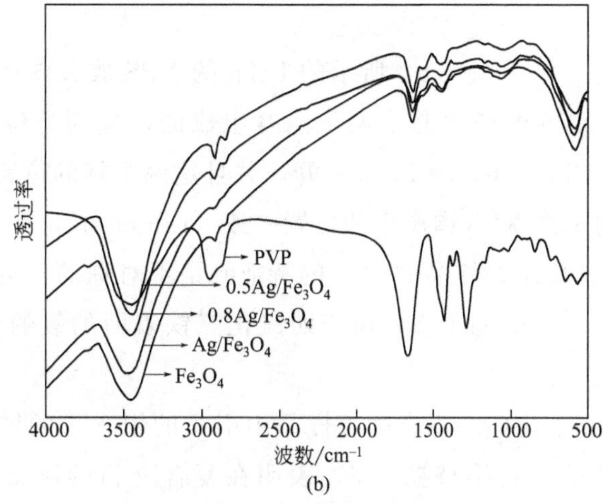

(b)

图 5.5　溶剂热反应制备的样品的 XRD 图谱（a）和红外图谱（b）

步分析组成所制备的银促进的复合材料的表面元素，获得了如图 5.6、图 5.7 所示的 XPS 图谱。从图 5.6 给出的样品的 XPS 全谱图中可以观察到 C、N、Ag、Fe、O 元素；值得一提的是，图谱中的 C1s 和 N1s 峰来源于聚乙烯吡咯烷酮中 N—C ═O 群。

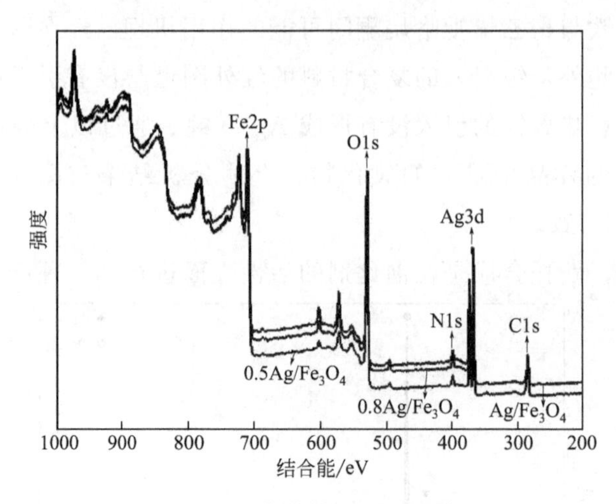

图 5.6 催化剂的 XPS 图谱

为了进一步观察 Ag 在复合材料中的存在形式，获得了如图 5.7(a) 所示的 Ag3d 的 XPS 图谱的高倍放大图；从图中可知，Ag3d 的 XPS 图谱由两个对称的峰组成，分别为 373.5eV 处的 $Ag3d_{3/2}$ 和 367.5eV 处的 $Ag3d_{5/2}$，两个峰相距 6.0eV；结果表明银是以单质的形式存在于复合材料中的（Chai et al.，2014）。并且，位于 370.9eV 处的峰为金属银的自旋轨道峰（Lalitha et al.，2010）。

研究中给出了如图 5.7(b) 所示的 Fe2p 的 XPS 放大图谱；可以清晰地观察到 Fe2p 的 XPS 图谱也是由两个主峰组成的，分别是位于 723.9eV 的 $Fe2p_{1/2}$ 峰和位于 710.3eV 的 $Fe2p_{3/2}$ 峰，并且这两个峰的位置与文献中报道的四氧化三铁的标准 XPS 谱图中的位置一致（Liu et al.，2009）。

如图 5.7(c) 所示，样品的 O1s 的特征峰是不对称的，可以拟合成位于 529.4eV 和 530.5eV 的两个峰；位于四氧化三铁表面的氧的位置与 XPS 图谱中氧的位置相吻合。

O 和 Fe 的原子比例并没有随着样品中引入的银含量的增加而发生改变 [图 5.7(c)]，比值一直维持在 1.5，表明在复合材料的制备过程中没有生成银的氧化物；需要特别指出的是，四氧化三铁中 O 和 Fe 的原子比例接近

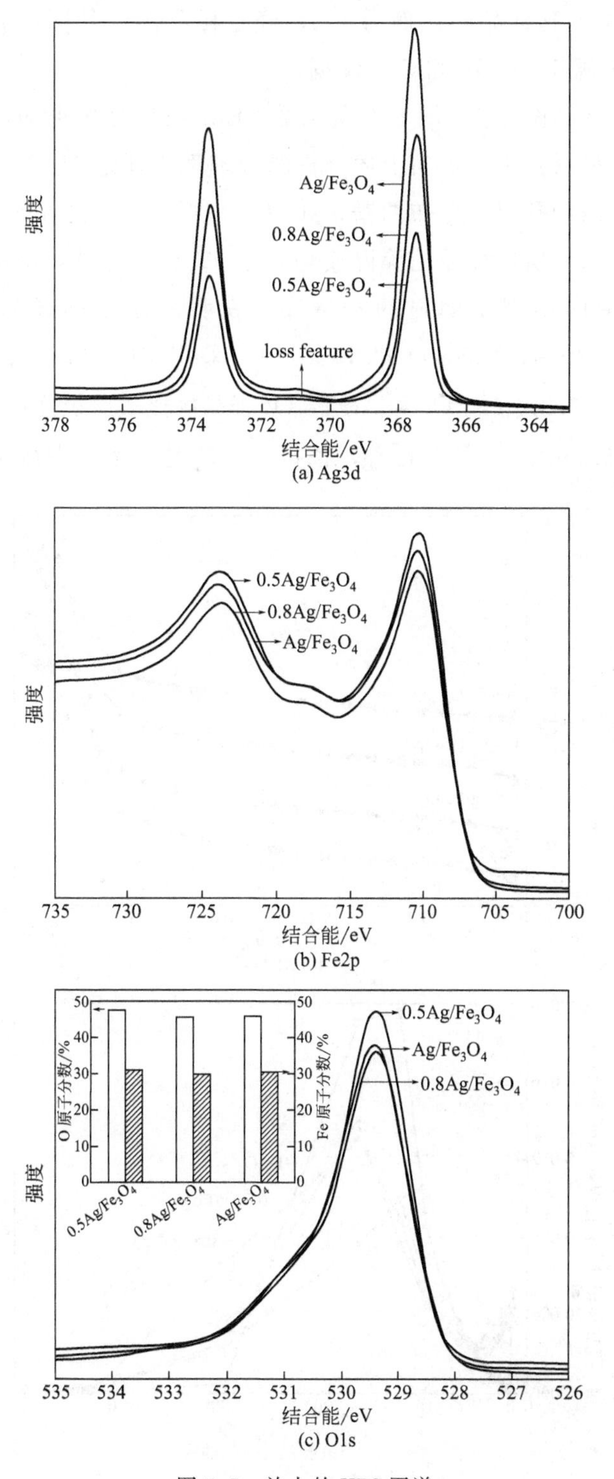

图 5.7　放大的 XPS 图谱

1.3，实验中检测到样品的比例为1.5；经过样品的红外图谱分析可知，过量的O原子来源于O—H和C═O群。

经过图5.3和图5.1、图5.2所示的SEM照片分析可知，本章中制备的样品为多孔材料；为了证实上述分析的合理性，通过N_2吸脱附测试给出了样品的比表面和孔尺寸分布图谱，如图5.8所示。从图5.8(a)给出的样品的等温线可知，所有样品的等温线均属于IV型；此外，微球在P/P_0为0.7～1.0范围内出现了明显的滞后环，表明所制备的样品为介孔材料(Chen et al.，2010，Xuan et al.，2011)。采用BET方法计算的Fe_3O_4、$0.5Ag/Fe_3O_4$、$0.8Ag/Fe_3O_4$和Ag/Fe_3O_4样品的比表面积分别为53.4m^2/g、42.0m^2/g、45.7m^2/g、40.4m^2/g。值得一提的是，本章中所制备的样品的

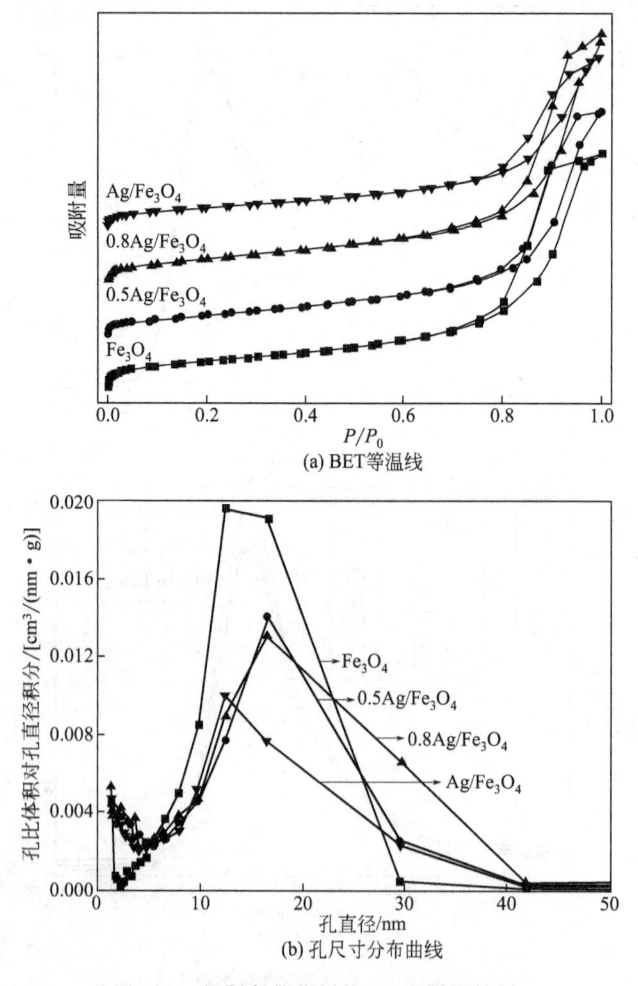

图5.8 新制备催化剂的N_2吸脱附结果

孔为邻近的四氧化三铁纳米颗粒形成的间隙孔（图 5.1）。

本章中产生的孔归因于四氧化三铁纳米颗粒的任意堆积，此过程导致产生较宽的孔尺寸分布，如图 5.8 所示；从图中可知，样品的孔尺寸主要集中在 12.4nm（Fe_3O_4）、16.8nm（$0.5Ag/Fe_3O_4$）、17.3nm（$0.8Ag/Fe_3O_4$）和 12.4nm（Ag/Fe_3O_4）；结果表明所制备的样品为介孔材料。众所周知，在催化反应过程中，介孔材料能够提供一个有效的反应物和产物的运输通道，进而增强催化剂的活性（Zhu et al.，2011，Li et al.，2007）。

5.3　Ag 引入的铁基微球的费托性能

5.3.1　Ag 的引入对铁基微球选择性的调控

费托性能评估采用固定床反应器，在 280℃、2MPa、$H_2/CO=1$ 的合成气、空速为 $3000mL \cdot g_{cat}^{-1} \cdot h^{-1}$ 的条件下进行。为了研究在费托反应中，助剂银对催化剂的产物选择性和催化活性的影响，本章中分别评价了无银引入的催化剂和银引入的催化剂在费托反应中的催化性能。为了更直观地对比银引入前后催化剂的性能，给出了表 5.2 所示的费托反应 48h 催化剂的催化性能。无银引入的纯的 Fe_3O_4 催化剂在费托反应 48h 时仍具有高达 98.3%的 CO 转化率和 54.2%（质量）的 C_{5+} 碳氢化合物的选择性，其中汽油段碳氢化合物（$C_5 \sim C_{11}$）的选择性为 50.3%（质量）；此外，副产物 CH_4 的选择性低至 14.4%（质量），并且低碳烯烃（$C_2 \sim C_4$）的选择性高达 22.0%（质量）。文献中描述的无助剂引入的铁基催化剂的汽油段碳烃化合物的选择性为 25.8%（质量）（Wan et al.，2008）；需要特别说明的是，本章制备的纯的四氧化三铁催化剂的性能优于先前报道的有支撑材料引入的铁基催化剂（Zhang et al.，2010，Wan et al.，2008，Xiong et al.，2014，Park et al.，2014）。

与无引入的催化剂相比，银助剂的引入抑制了副产物 CH_4 的选择性，并促进了 $C_2 \sim C_4$ 烯烃的选择性，如表 5.2 所示。对 Co-基催化剂而言，贵金属助剂（Ru、Re）能够加速钴源还原成为金属钴，并且抑制费托反应中加氢反应的进行（Zhang et al.，2010，Cai et al.，2008，Jacobs et al.，2009）。但是，前期的调研发现，很少有文献涉及有关银为助剂的铁基催化剂在费托反应中的性能研究。基于此，本章中通过全自动程序升温化学吸附分析仪，分析了催化剂在氢气氛围下的程序升温还原过程；通过此方法研究了银对氧化铁还原行为的影响。

表 5.2 费托反应 48h 催化剂的催化性能

催化性能		Fe_3O_4	$0.5Ag/Fe_3O_4$	$0.8Ag/Fe_3O_4$	Ag/Fe_3O_4
CO 转化率/%		98.3	88.4	96.4	71.8
产物选择性/%(质量)	CH_4	14.4	11.5	12.1	11.7
	C_2～C_4 烷烃	9.4	6.5	7.6	6.8
	C_2～C_4 烯烃	22.0	24.6	28.3	27.3
	C_5～C_{11}	50.3	49.1	46.2	46.1
	C_{12+}	3.9	8.3	5.8	8.1

如图 5.9 所示，无银引入的纯四氧化三铁的还原过程可分为三个阶段：第一个阶段为三氧化二铁向四氧化三铁的转变；第二个阶段为四氧化三铁转变为氧化铁；最后一个阶段为氧化铁被还原被单质铁（Deng et al.，2005)。从图 5.9 给出的四氧化三铁的还原曲线中 320～400℃范围内只检测到较小的四氧化三铁的吸收峰，这就意味着图 5.9 中第一阶段的三氧化二铁起因于部分的四氧化三铁被氧化所致。

与没有引入银的纯的四氧化三铁相比，银为助剂的铁基催化剂的还原过程可划分为两个阶段：四氧化三铁被还原为氧化铁和氧化铁向单质铁的转化。与纯的四氧化三铁的还原峰相比，引入银后的催化剂的还原峰的位置发生了明显的蓝移。

通过以上分析可知，助剂银的引入能够抑制四氧化三铁被氧化成为三氧化二铁并促进氧化铁还原成单质铁。值得注意的是，无银引入的催化剂在费

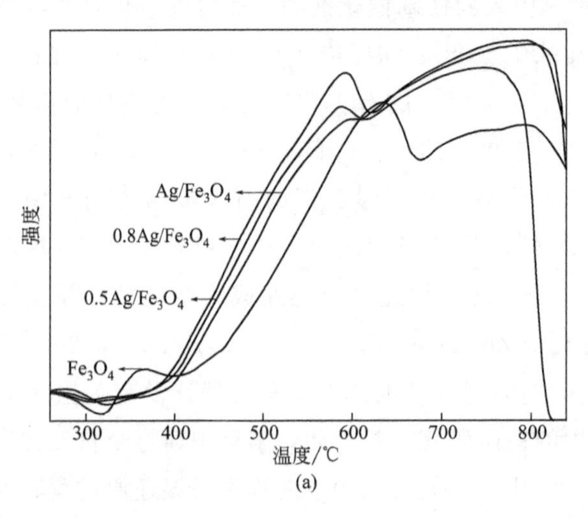

(a)

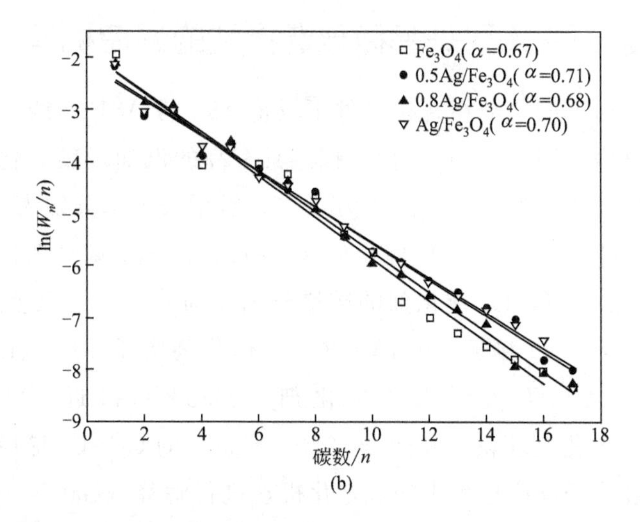

图 5.9　新制备的催化剂的 H_2-TPR 曲线（a）和费托反应 48h 的催化剂的 ASF 曲线（b）

W_n——相应碳数的碳氢化合物质量；α—链增长因子

托反应过程中表现出较银引入的催化高的氢气转化率（表 5.3）；也就是说，银助剂能够抑制催化剂在费托反应中的加氢反应，进而促进反应向着生成低碳烯烃和抑制甲烷生成的方向进行（表 5.2）。

表 5.3　不同费托反应时间下催化剂的性能

催化剂	反应时间/h	尾气/%(摩尔)		H_2 转化率/%	CO 转化率/%
		H_2	CO		
无 Ag 引入	24	21.8	1.48	81.7	98.8
	48	23.1	2.02	80.2	98.3
	72	26.8	4.38	75.9	96.1
0.5Ag/Fe_3O_4	24	30.2	3.92	71.8	96.3
	48	32.0	11.3	67.0	88.4
	72	34.7	22.1	58.6	73.2
0.8Ag/Fe_3O_4	24	29.1	3.89	73.0	96.4
	48	29.1	3.78	72.6	96.4
	72	29.8	3.59	71.7	96.6
Ag/Fe_3O_4	24	30.0	11.5	69.6	88.4
	48	35.6	22.6	55.5	71.8
	72	36.7	24.0	52.2	68.8

5.3.2 Ag的引入对铁基微球选择性的调控机理

图5.9给出了催化剂在费托条件下反应48h的ASF曲线。产物的选择性能够通过链增长因子（α）进行模拟。具有高的汽油段碳氢化合物选择性的无银引入的催化剂的链增长因子为0.67；链增长因子分别为0.71和0.70的$0.5Ag/Fe_3O_4$和Ag/Fe_3O_4催化剂具有高的C_2～C_4烯烃选择性和低的甲烷选择性；$0.8Ag/Fe_3O_4$催化剂的链增长因子为0.68，与无银引入的催化剂的链增长因子0.67接近；$0.8Ag/Fe_3O_4$催化剂费托反应48h的CO转化率（96.4%）也与无银引入的催化剂（98.3%）接近。更重要的是，$0.8Ag/Fe_3O_4$催化剂获得了高达28.3%（质量）的C_2～C_4烯烃选择性。以上结果可通过费托反应过程中的烷基化机理进行解释（Galvis et al.，2012，Jin et al.，2000）。在费托反应过程中，一氧化碳被解离并加氢后得到CH_3基团，此种基团被视为费托反应中的链引发剂；随后通过往烷基上插入CH_2单体，进而促进链增长反应的进行；链增长反应随着氢抽离生成烯烃反应或者加氢生成烷烃反应而被终结。与无银引入的催化剂相比，银助剂的引入抑制了加氢反应的进行，进而提高了烯烃的选择性，并抑制了甲烷和烷烃的选择性。

5.3.3 Ag的引入对铁基微球活性的调控机理

本章中费托反应中催化剂的催化活性用每克铁每秒能够转化成为碳氢化合物一氧化碳的摩尔数来表示，被记作铁时间产率（FTY）。每克催化剂中铁的质量已通过样品的电感耦合等离子体发射光谱数据获得（表5.1）。通过合成气把四氧化三铁还原成为碳化铁的还原阶段是非常重要的，这是因为碳化铁被认为是费托反应中的活性相（Zhang et al.，2010）。从图5.10无银引入的催化剂在费托反应72h的XRD图谱可以观察到明显的碳峰。在费托反应过程中，积碳将会阻碍碳化铁相与合成气的接触，进而导致碳化铁和四氧化三铁相的共存。随着引入的银的量的增多，碳沉积产生的碳的峰逐渐变弱；意味着银作为助剂在费托反应中能够阻碍碳沉积。

更为重要的是，在费托反应72h的XRD图谱中，引入银助剂的催化剂呈现出相对弱的碳化铁相，进一步证明了银助剂能够促进碳化铁氧化成为四氧化三铁；随后，随着反应的进行，在催化剂表面会形成新的碳化铁相，进而导致催化剂的活性得到提高。

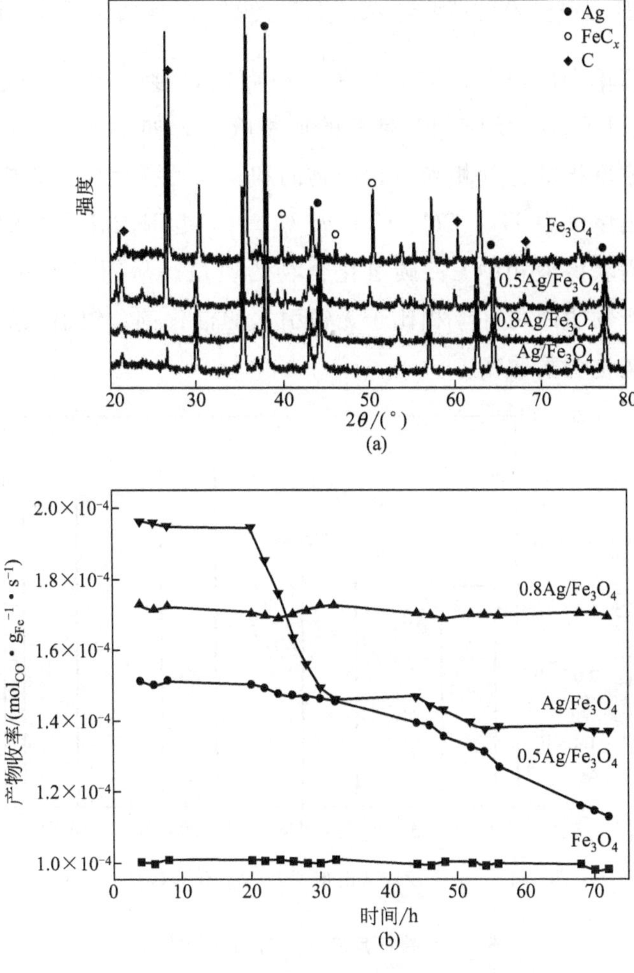

图5.10 催化活性随时间变化的曲线（a）及费托反应72h催化剂的XRD图谱（b）

从图5.10中可知，银引入的催化剂的活性高于无银引入的催化剂，催化剂的活性计算结果和预期的一样；进而证明了银的引入能够提高催化剂在费托反应中的活性。特别地，$0.8Ag/Fe_3O_4$ 催化剂在费托反应72h时呈现出最高的催化活性，高达 $1.6\times10^{-4}mol_{CO}\cdot g_{Fe}^{-1}\cdot s^{-1}$；这个值比文献中报道的不同支撑材料引入的铁纳米结构在费托反应中最高的活性还要高（$8.48\times10^{-5}mol_{CO}\cdot g_{Fe}^{-1}\cdot s^{-1}$，Park et al.，2014）。通过上述分析可知，银引入的催化剂表现出较高活性的主要原因可归结于银作为助剂在费托反应中对催化剂的活化作用。

5.3.4 Ag的引入对铁基微球产物收率的调控机理

通过计算单个碳氢化合物的收率（每克铁每秒钟产生的碳氢化合物的量），进而获得了费托反应48h是总的产物收率，如图5.11和表5.4所示。单个产物的收率指的是气相和液相产物的和；在费托反应过程中通过在线气相色谱分析出尾气中H_2、CO、CO_2及C_1～C_6范围内化合物的量；随后采用离线的色谱获得液相中C_{5+}碳氢化合物的质量。从图5.11中所示的费托反应48h的产物收率可知，相比于无银引入的催化剂，银引入的催化剂给出了较高的碳氢化合物收率。

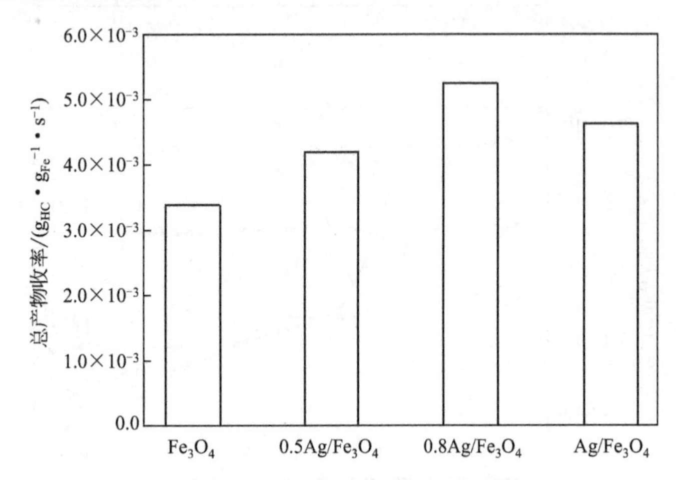

图5.11 费托反应48h时总的碳氢化合物的收率

表5.4 费托反应48h时的产物收率

催化剂	产物收率/($10^{-4}g_{HC}\cdot g_{Fe}{}^{-1}\cdot s^{-1}$)				
	CH_4	C_2～C_4烷烃	C_2～C_4烯烃	C_5～C_{11}	C_{12+}
Fe_3O_4	4.90	3.16	7.45	17.0	1.35
$0.5Ag/Fe_3O_4$	4.80	2.72	10.3	20.6	3.53
$0.8Ag/Fe_3O_4$	6.35	4.03	14.8	24.3	3.04
Ag/Fe_3O_4	5.41	3.15	12.7	21.3	3.75

费托反应48h时$0.8Ag/Fe_3O_4$催化剂呈现出最高的产物收率，高达$5.25\times10^{-3}g_{HC}\cdot g_{Fe}{}^{-1}\cdot s^{-1}$；无银引入的$Fe_3O_4$催化剂给出的产物收率为$3.39\times10^{-3}g_{HC}\cdot g_{Fe}{}^{-1}\cdot s^{-1}$。结果表明，银的引入能够极大地提高产物的收率。

银的引入不仅可以提高费托反应中催化剂的活性，还可以提高产物的收率，特别是 $C_2 \sim C_4$ 烯烃和 C_{5+} 碳氢化合物的收率（表 5.4）。从表 5.4 可知，费托反应 48h 时无银引入的 Fe_3O_4 催化剂获得的 C_{5+} 碳氢化合物的收率为 $1.84 \times 10^{-3} g_{HC} \cdot g_{Fe}^{-1} \cdot s^{-1}$，低碳烯烃的收率为 $7.45 \times 10^{-4} g_{HC} \cdot g_{Fe}^{-1} \cdot s^{-1}$；$0.8Ag/Fe_3O_4$ 催化剂呈现出最高的 C_{5+} 碳氢化合物的收率（$2.73 \times 10^{-3} g_{HC} \cdot g_{Fe}^{-1} \cdot s^{-1}$），其中汽油段（$C_5 \sim C_{11}$）碳氢化合物的收率为 $2.43 \times 10^{-3} g_{HC} \cdot g_{Fe}^{-1} \cdot s^{-1}$，并且低碳烯烃的收率高达 $1.48 \times 10^{-3} g_{HC} \cdot g_{Fe}^{-1} \cdot s^{-1}$。从上述分析可知，银的引入可以提高催化剂在费托反应中的活性及低碳烯烃和汽油段碳氢化合物的收率。

5.4 性能概述

本研究中合成了无 Ag 助剂引入的 Fe_3O_4 纳米颗粒，在此基础上通过还原硝酸银，合成了由活性四氧化三铁和银组成的多孔核壳结构催化剂。由 TEM 照片和 XRD 衍射图谱证实此种材料是由 Fe_3O_4 纳米颗粒分散在 Ag 核表面形成的核壳结构。其中，核是经由硼氢化钠还原硝酸银提供的；壳则是在溶剂热反应过程中还原并水解铁源形成的。此种核壳结构是在聚乙烯吡咯烷酮形成的有机层上的孤对电子驱动下形成的。通过溶剂热反应获取的不同反应时间的样品 SEM 照片可知，新形成的四氧化三铁纳米晶体在反应中会朝着聚乙烯吡咯烷酮保护的银纳米颗粒迁移并吸附在银纳米颗粒的表面，进而获得了核壳复合材料。

通过研究不同费托反应时间催化剂的 H_2 转化率可知，助剂 Ag 的引入能够抑制加氢反应的进行，进而提高了烯烃的选择性，并抑制了甲烷和烷烃的生成。研究发现，$0.8Ag/Fe_3O_4$ 催化剂在费托反应 48h 时的 CO 化率仍高达 96.4%，并且 $C_2 \sim C_4$ 烯烃选择性增至 28.3%。此外，CH_4 的选择性被降至 12.1%（质量）。此时，Fe_3O_4 催化剂获得的 C_{5+} 碳氢化合物的收率为 $1.84 \times 10^{-3} g_{HC} \cdot g_{Fe}^{-1} \cdot s^{-1}$，$0.8Ag/Fe_3O_4$ 催化剂给出的相应的收率为 $2.73 \times 10^{-3} g_{HC} \cdot g_{Fe}^{-1} \cdot s^{-1}$。通过 H_2-TPR 还原曲线可知，助剂 Ag 的引入能够降低活性前驱体的还原温度，促进碳化铁的形成。通过分析费托反应 72h 的催化剂的 XRD 衍射图谱可知，Ag 助剂的引入能够阻碍催化剂表面的碳沉积，进而促进了新的碳化铁相的形成。上述两种因素是导致 Ag 引入的催化剂的活性高于无 Ag 引入的催化剂的主要原因。

研究发现费托反应 72h 时在 0.8Ag/Fe_3O_4 催化剂上获得了高达 $1.6\times10^{-4}mol_{co}\cdot g_{Fe}^{-1}\cdot s^{-1}$ 的 FTY 值，这个值不但高于 Fe_3O_4 催化剂，也高于文献中报道的采用不同载体单载的铁纳米结构在费托反应中的最高活性。除了高的 C_{5+} 产物收率，该催化剂在费托反应中表现出了良好的稳定性，因此 Ag 可作为优化铁基催化剂费托性能的有效助剂。

第6章　孔尺寸可控的铁基纺锤形催化剂的制备及费托性能

6.1　孔尺寸可控的铁基纺锤形催化剂的制备

6.1.1　孔尺寸可控的纺锤形催化剂的制备

采用水热法合成 Fe_2O_3 纺锤形催化剂。首先，2.0g $FeCl_3 \cdot 6H_2O$ 溶解于30mL去离子水中，随后加入2.0g无水乙酸钠，紧接着往上述混合溶液中加入2.0g十六烷基三甲基溴化铵（CTAB），7.0mL乙二胺，搅拌15min后，把上述反应溶液倒入100mL聚四氟反应釜中密封，随后置于200℃烘箱中反应10h。反应结束后，样品用去离子水洗涤3～4次，烘干备用。

6.1.2　孔尺寸可控的纺锤形催化剂的还原

称取1.0g上述干燥后的 Fe_2O_3 纺锤形催化剂，与石英砂以1∶1的比例混合后，置于固定床反应器中，在300℃下，用 $H_2/CO=1$ 的合成气还原12h。还原后获得的碳化铁纺锤形催化剂在本章中被命名为Fe/2CTAB。没有引入十六烷基三甲基溴化铵合成的 Fe_2O_3 纺锤形催化剂，还原后被命名为Fe；引入1.0g十六烷基三甲基溴化铵合成的 Fe_2O_3 纺锤形催化剂，还原后被命名为Fe/CTAB。

6.2 孔尺寸可控的铁基纺锤形催化剂的形貌和结构特征

图 6.1 是 Fe、Fe/CTAB 和 Fe/2CTAB 的 XRD 图谱和 XPS 光谱。3 个样品的衍射峰与碳化铁相（卡片号：36-1248，51-0997）的标准特征衍射峰相吻合，表明上述制备的三种催化剂均由碳化铁相颗粒组成。碳化铁被认为是费托反应过程中的活性相（Aluha et al.，2015）。此外，并没有从图 6.1 给出的衍射图谱中观察到除碳化铁相以外的其它相（金属铁和氧化铁），表明氧化铁已经完全被还原成为碳化铁。研究中采用 X-射线光电子能谱

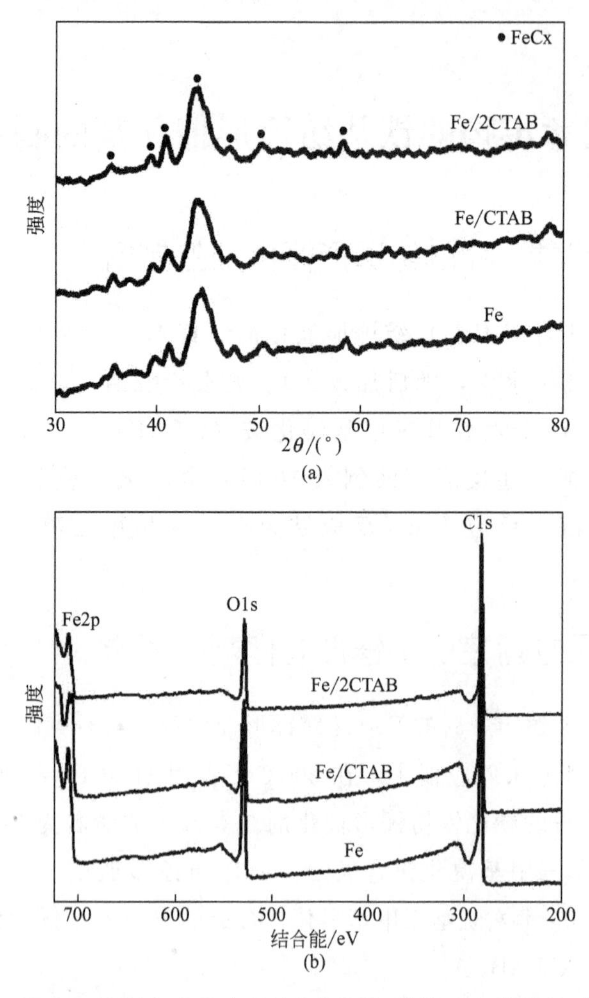

图 6.1　Fe、Fe/CTAB 和 Fe/2CTAB 的 XRD 图谱（a）和 XPS 光谱（b）

(XPS) 来分析 Fe、Fe/CTAB 和 Fe/2CTAB 催化剂表面的元素组成。如图 6.1(b) 所示，上述三种催化剂全光谱图都是由 C1s、O1s 和 Fe2p 的特征峰组成的，没有从图谱中检测到其它元素的信号峰。并且，三种催化剂中所探测到的元素的 XPS 峰的位置基本一致。这意味着，改变 CTAB 的量并没有改变所制备的催化剂的元素组成。

放大后的 Fe2p 的 XPS 图谱如图 6.2 所示。从图谱中可知，位于 719.5eV 和 706.4eV 处的两个峰的位置与 Fe_5C_2 中 Fe2p 的位置相吻合 (Park et al., 2014)，XPS 检测到的数据与图 6.1(a) 所示的 XRD 数据一致。从 Fe2p 的 XPS 图谱中还检测到了能带结构分别位为 709.8eV(Fe2p3/2) 和 724.2eV(Fe2p1/2) 的氧化铁的峰。主要是因为活化后的 Fe_5C_2 纳米颗粒具有较高的催化活性和较低的吉布斯自由能，表面与空气接触后容易发生轻微的氧化反应 (Zhang et al., 2017)。

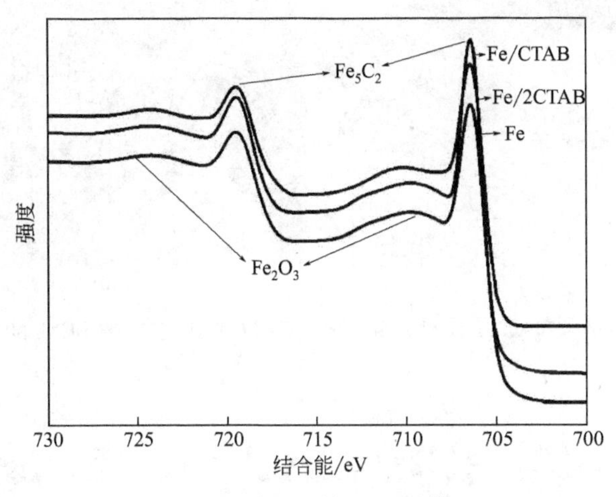

图 6.2 Fe2p 的 XPS 图谱

图 6.3 给出了 Fe、Fe/CTAB 和 Fe/2CTAB 的 SEM 和 TEM 照片，从图中可知上述三个样品均为分级多孔结构，每一个纺锤形结构均是由多个 Fe_5C_2 纳米颗粒自组装而成的。一个纺锤形结构上的孔是指相邻的 Fe_5C_2 纳米颗粒之间的间隙孔。

介孔纺锤形结构的形成机理如图 6.4 所示。在水热反应过程中，无水乙酸钠作为促进 Fe^{3+} 水解的媒介，加速 Fe^{3+} 水解为 FeOOH，随后通过 FeOOH 之间的脱水反应形成纺锤形 Fe_2O_3。在此过程中，随着 Fe^{3+} 的水解乙酸和水在水热反应过程中将会以气泡的形式产生，产生的气泡将会作为促进 Fe_2O_3 成核和自组装形成纺锤形结构的“软”模板，随着气泡的离开，将会在 Fe_2O_3 纳米颗粒之间形成纳米孔隙；紧接着相邻的纳米颗粒聚集并

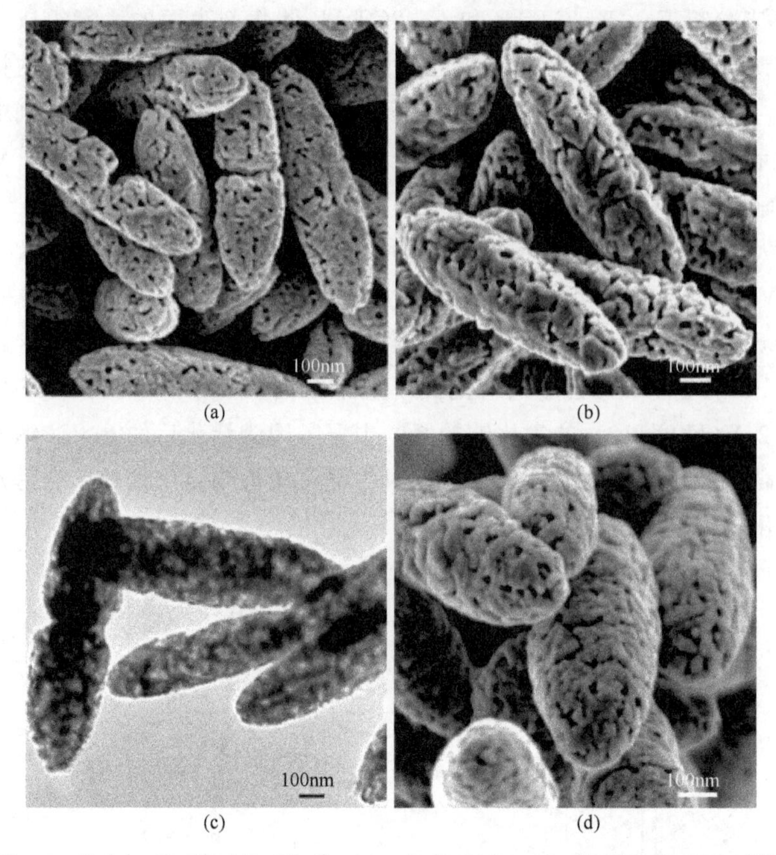

图 6.3　Fe(a)、Fe/CTAB (b) 和 (c)、Fe/2CTAB (d) 的 SEM 和 TEM 照片

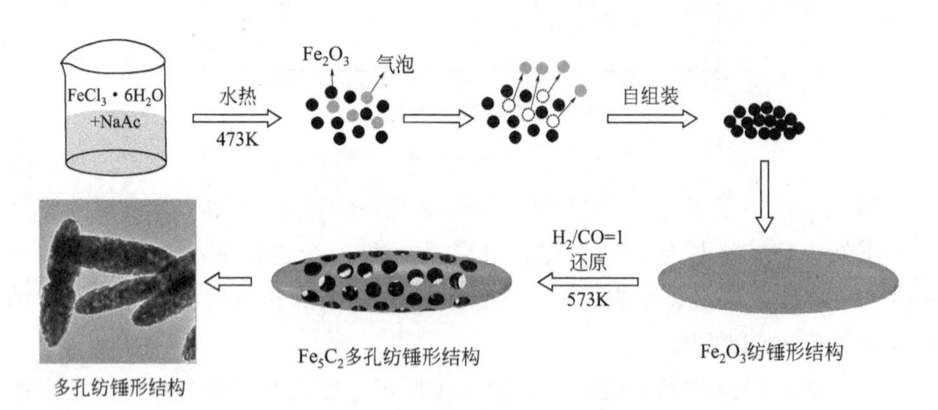

图 6.4　纺锤形铁基催化剂的形成机理图

长大形成 Fe_2O_3 纺锤形结构。在还原过程中，纺锤形 Fe_2O_3 被合成气还原成纺锤形 Fe_5C_2，并且纺锤形 Fe_5C_2 为多孔结构。在费托反应过程中，催化剂上的孔可用于调控产物的选择性。

为了证实所制备的 Fe、Fe/CTAB 和 Fe/2CTAB 催化剂为多孔结构，研究中采用了 BET 和 BJH 方法，通过 N_2 吸脱附数据，算出所制备的上述三种催化剂的比表面积分别为 $31.8m^2/g$，$12.8m^2/g$ 和 $45.3m^2/g$ [图 6.3(a)]。图 6.5 给出了三种催化剂的孔尺寸分布，从图中可知三种催化剂的主峰位置均在 4nm 左右，这意味着所制备的纺锤形结构催化剂为介孔材料。据报道，介孔在催化反应过程中能够提高催化剂的活性并提高扩散速率（Keyvanloo et al.，2014）。Fe、Fe/CTAB 和 Fe/2CTAB 的平均孔尺寸为 3.71nm，3.75nm 和 3.81nm，相应催化剂的孔比体积依次为 $0.13cm^3/g$，$0.08cm^3/g$ 和 $0.16cm^3/g$（表 6.1）。从表 6.1 可知，Fe/2CTAB 具有较 Fe 和 Fe/CTAB 大的孔直径和孔体积。早期的研究报道证实，具有较大孔尺寸的催化剂，在

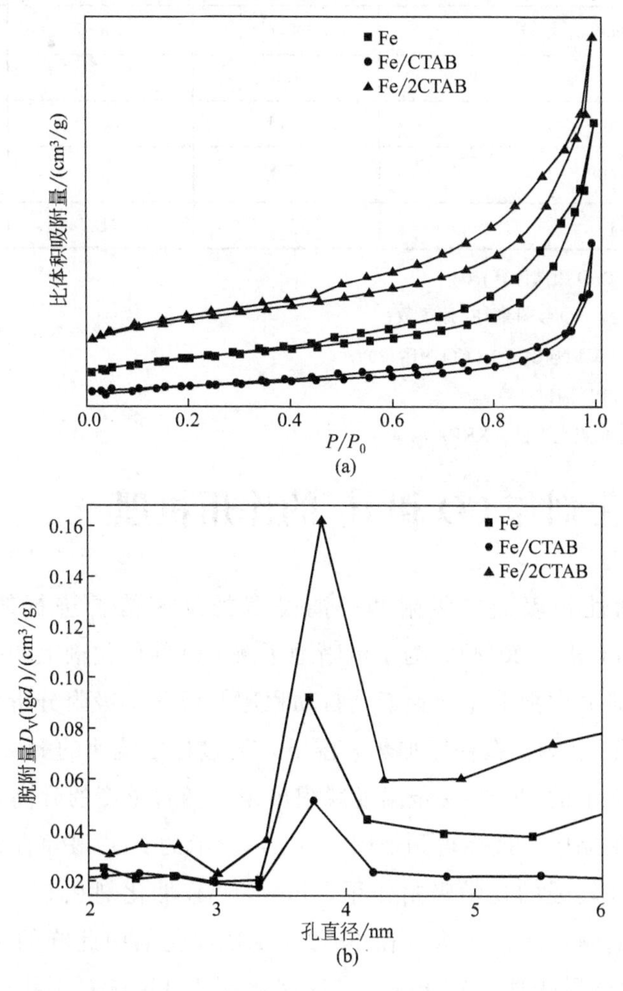

图 6.5　纺锤形铁基催化剂的比表面（a）和孔尺寸分布（b）等温线

催化反应过程中能够快速传递反应物和运输产物，进而提高长链碳氢化合物（C_{5+}）的选择性。催化剂的纳米空间效应制约着反应物和产物的扩散效应，进而影响着 C_{5+} 碳氢化合物的选择性（Zhang et al.，2010，Xiong et al.，2014）。基于此，可以推测上述三种催化剂的 C_{5+} 选择性遵循以下规律：Fe/2CTAB>Fe>Fe/CTAB。

表 6.1　纺锤形铁基催化剂的性能

性能	Fe	Fe/CTAB	Fe/2CTAB
比表面积/(m^2/g)	31.8	12.8	45.3
孔比体积/(cm^3/g)	0.13	0.08	0.16
孔直径/nm	3.71	3.75	3.81
CO 吸附量/($\mu mol_{CO}/g_{cat}$)①	95.6	130.7	80.9
Fe 分散度/%②	1.5	2.0	1.4
TOF/$10^{-2}s^{-1}$③	7.71	5.87	9.11
H_2 吸附量/($mmol_{H_2}/g_{cat}$)④	3.0	3.1	2.6
含铁量/%(质量)⑤	71.8	71.7	67.3

① 根据 CO-TPD 测试计算；

② 分散度=2×CO 吸附量/Fe 原子数；

③ TOF=CO 反应速率/(2×CO 吸附量)；

④ 根据 H_2-TPD 测试计算；

⑤ 根据 X-射线荧光光谱（XRF）测试。

6.3　催化剂与 CO 和 H_2 的作用机理

CO 在活性相表面的吸附和解离是费托反应能否进行的关键性环节（Keyvanloo et al.，2014）。为了清晰地了解 CO 在催化剂上的吸附、脱附和解离能力，研究中把催化剂置于全自动程序升温化学吸附分析仪中，并让其在 150℃下吸附 CO，在程序加热升温下，通过稳定流速的 He 气，使得吸附在催化剂表面上的 CO 在一定温度脱附出来，随着温度的升高，脱附经过最高值后而脱附完毕，最终得到如图 6.6(a) 所示的 CO-TPD 曲线。从图中可知，由于 CO 较强的化学吸附作用，Fe/CTAB 催化剂在 558℃的位置出现了一个较强的峰，相比而言，在 Fe/2CTAB 催化剂中此峰的位置蓝移至了 553℃。上述结果表明，在 Fe/CTAB 催化剂中 Fe 与 CO 具有较强的相互作用。

表 6.1 给出了上述三种催化剂的 CO 吸附量和 Fe 的分散度数据。在费托反应过程中，CO 的吸附能力与活性位的数目密切相关，而铁源的分散度决定着 CO 的吸附能力。从表 6.1 计算得出的数据可知，上述三种催化剂的 CO 的化学吸附量从低到高依次为：Fe/2CTAB（80.9 $\mu mol_{CO} \cdot g_{cat}^{-1}$），Fe（95.6$\mu mol_{CO} \cdot g_{cat}^{-1}$），Fe/CTAB（130.7$\mu mol_{co} \cdot g_{cat}^{-1}$）。

从上述结果可知，同 Fe 和 Fe/2CTAB 催化剂相比，Fe/CTAB 催化剂不仅具有较高的 CO 吸附强度，也具有较高的 CO 吸附能力（表 6.1）。此外，CO 脱附后，解离的 C 和 O 可在催化剂表面进行重组（Keyvanloo et al.，2014），进而产生图 6.6(a) 所示的高温处的峰。结果表明，相比于 Fe 和 Fe/2CTAB 催化剂，Fe/CTAB 催化剂具有较高的 CO 解离能力，这意

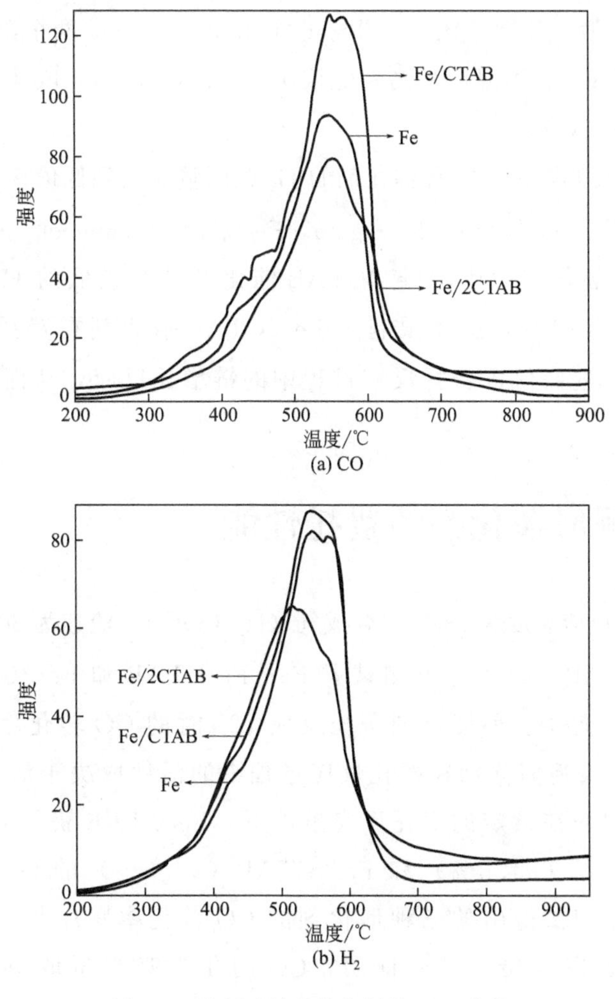

图 6.6　纺锤形铁基催化剂的 TPD 曲线

味着 Fe/CTAB 催化剂在费托反应过程中具有较好的 CO 转化率。但是，Fe/CTAB 催化剂具有较小的孔比体积和比表面积，这也将制约费托反应过程中产物的输送和链增长，进而限制 C_{5+} 碳氢化合物的选择性。

为了探究 H_2 在催化剂表面的吸附、脱附和解离能力，研究中把催化剂置于全自动程序升温化学吸附分析仪中，并让其在 150℃下吸附 H_2，在程序加热升温下，通过稳定流速的 He 气，使得吸附在催化剂表面上的 H_2 在一定温度脱附出来，随着温度的升高，脱附经过最高值后而脱附完毕，最终得到如图 6.6(b) 所示的 H_2-TPD 曲线。从图 6.6(b) 中可知，Fe，Fe/CTAB 和 Fe/2CTAB 催化剂呈现出相似的 H_2 脱附行为，H_2 脱附行为发生在两个温度区间，分别为 350～450℃和 510～560℃。H_2 分子在催化剂表面的强弱脱附行为，分别导致了 510～560℃和 350～450℃两个温度区间的峰。三种催化剂的 H_2 脱附温度从高到低依次为：Fe(556℃)，Fe/CTAB(550℃)，Fe/2CTAB(520℃)。

从表 6.1 可知，上述三种催化剂的 H_2 吸附量从高到低依次为：Fe/CTAB ($3.1mmol_{H_2}\ g_{cat}^{-1}$)，Fe($3.0mmol_{H_2}\cdot g_{cat}^{-1}$)，Fe/2CTAB($2.6mmol_{H_2}\cdot g_{cat}^{-1}$)。与 Fe 和 Fe/CTAB 催化剂相比，Fe/2CTAB 催化剂具有较低的 H 原子吸附能力及低的 H_2 吸附量，这就限制了 Fe/2CTAB 催化剂在费托反应过程中的加氢能力，进而促进费托反应过程中的链增长反应，从而抑制 CH_4 的产生。

6.4 纺锤形催化剂的费托性能

研究中在反应温度为 280℃、合成气 ($H_2/CO=1$) 流速为 $3000mL\cdot g_{cat}^{-1}\cdot h^{-1}$、压力为 2MPa 的条件下测试了 Fe、Fe/CTAB 和 Fe/2CTAB 催化剂的费托性能。上述三种催化剂费托反应 72h 时的 CO 转化率和产物选择性见表 6.2。铁基催化剂在费托反应过程中的活性取决于活性位的数目。从表 6.2 可知，在给定的费托反应条件下，Fe/CTAB 获得的 CO 转化率 (95.3%) 比 Fe (94.3%) 和 Fe/2CTAB (93.6%) 的高。实验表明，通过费托性能测试得出的三种催化剂的 CO 转化率顺序与通过 CO-TPD 分析得到的数据吻合。进而证明，CO 的化学吸附量取决于活性位的数目。

表 6.2　纺锤形铁基催化剂在 280℃、H_2/CO=1、2MPa 下反应 72h 的费托性能

性能		Fe	Fe/CTAB	Fe/2CTAB
CO 转化率/%		94.3	95.3	93.6
CO_2 选择性/%		45.5	49.3	43.9
质量平衡/%		98.0	98.2	97.5
链增长因子 α		0.72	0.69	0.75
产物选择性/%(质量)	CH_4	16.9	19.1	13.9
	$C_2 \sim C_4$	24.2	25.7	21.1
	C_{5+}	58.9	55.2	65.0

对费托反应而言，催化活性和催化剂的稳定性是评价催化剂性能好坏的关键因素。费托反应过程中催化剂的 CO 转化率随时间的变化趋势如图 6.7(a) 所示。从图中可知，费托反应 24h 时 Fe/CTAB 催化剂的 CO 转化率为 98.3%，随着反应时间延长至 48h，CO 转化率降至 96.9%，随后在费托反应时间延长至 72h 时，CO 转化率下降至 93.6%。与 Fe/CTAB 催化剂相比，随着反应时间从 24h 延长至 72h，Fe 和 Fe/2CTAB 催化剂呈现出较小的 CO 转化率变化，分别从 98.3%降至 94.3% (Fe) 和 98.2%降至 95.3% (Fe/2CTAB)。

在费托反应过程中，随着反应时间的延长，CO 转化率随着副产物 CH_4 产率的降低而发生微小的下降 (Galvis et al., 2012)。如图 6.7(b) 所示，CH_4 的选择性随着反应时间的延长而逐渐降低。此种变化现象可用费托反应过程中的“表面碳化”或“烷基化”机理解释。随着 CO 的解离和碳加氢，CH_2 往吸附在催化剂表面的烷基群上的插入会促进链增长反应，使得 C_{5+} 的选择性提高，CH_4 的产率降低。据报道，低的转换频率 (TOF) 将会在一定程度上提高 CH_x 在催化剂表面的停留时间，这将会降低活性相的表面积，进而阻碍链增长反应，导致 C_{5+} 碳氢化合物的选择性降低 (den Breejen et al., 2009)。上述三种催化剂的 TOF 值从高往低依次是：Fe/2CTAB ($9.11 \times 10^{-2} s^{-1}$)，Fe($7.71 \times 10^{-2} s^{-1}$)，Fe/CTAB($5.87 \times 10^{-2} s^{-1}$)。从图 6.7(b) 中可知，上述三种催化剂的 C_{5+} 选择性从高往低依次为：Fe/2CTAB，Fe，Fe/CTAB。

从上面的分析可知本研究中所用的三种催化剂的 TOF 的变化趋势与表 6.2 和图 6.7(b) 所示的 C_{5+} 选择性的变化趋势一致。从图 6.7(b) 中可知，CH_4 的选择性随着 C_{5+} 选择性的增加而降低。需要特别指出的是，具有高 TOF 值的 Fe/2CTAB 催化剂在费托反应 72h 时获得了高达 65.0%（质量）的 C_{5+} 选择性。这个值比第 3 章中制备的无负载的 Fe_3O_4 微球费托反应 24h 时获得的 59.0%（质量）的 C_{5+} 选择性高。在之前的研究工作中，随着反应时间从 24h 延长至 48h，CO 的转化率随着 C_{5+} 碳氢化合物选择性的下降（59.0%→49.5%）也呈现出较快的下降速率（93.2%→80.1%）。相比之下，Fe/2CTAB 催化剂呈现出较好的 C_{5+} 选择性和较稳定的 CO 转化率（图 6.7）。并且，本研究中制备的 Fe/2CTAB 催化剂在费托反应过程中所呈现出的活性及 C_{5+} 选择性要优于文献中报道的负载型铁基纳米催化剂的费托性能（Zhang et al.，2017，Chen et al.，2008，Wang et al.，2016）。

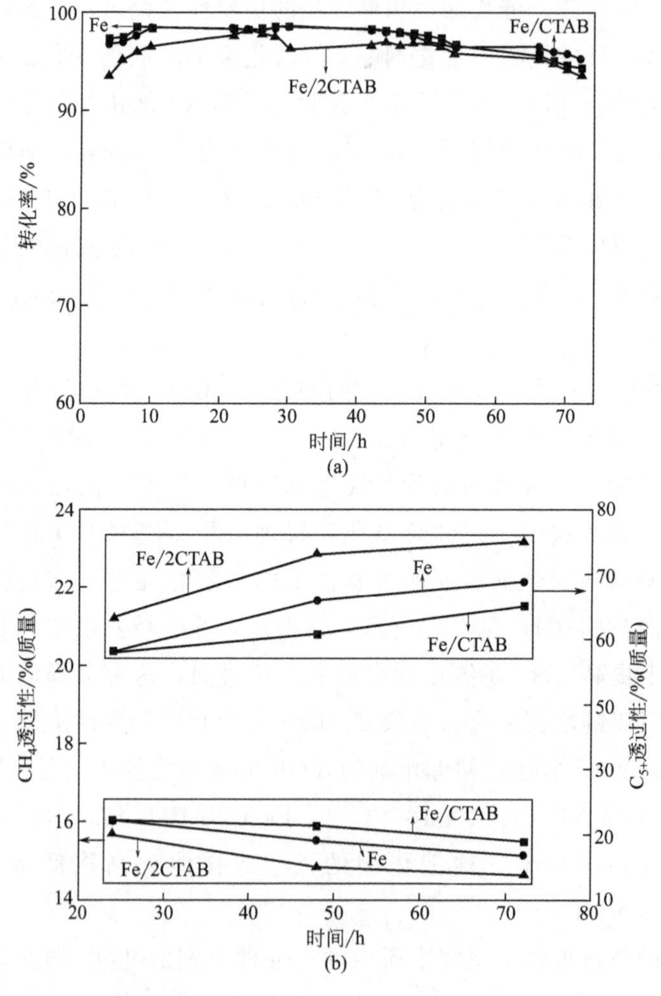

图 6.7 纺锤形铁基催化剂 CO 转化率（a）和产物分布（b）随反应时间的变化图

费托合成反应的最终目的是合成高效的用于提高 C_{5+} 碳氢化合物选择性的催化剂，并把 CH_4 的选择性降至最低。从表 6.2 给出的数据可知，Fe、Fe/CTAB 和 Fe/2CTAB 三种催化剂，在相同的费托反应条件下反应 72h 的 C_{5+} 选择性从高往低依次为：Fe/2CTAB（65.0%），Fe（58.9%），Fe/CTAB（55.2%）；副产物 CH_4 的选择性从低往高依次为 Fe/2CTAB（13.9%），Fe（16.9%），Fe/CTAB（19.1%）。从上述分析可知，Fe/2CTAB 在本研究中给定的费托反应条件下呈现出最佳的 C_{5+} 选择性（65.0%）和最低的 CH_4 选择性（13.9%）。此外，从表 6.1 可知，上述三种催化剂的孔比体积从大往小依次为：Fe/2CTAB（0.16cm^3/g），Fe（0.13cm^3/g），Fe/CTAB（0.08cm^3/g），孔比体积的变化趋势与 C_{5+} 选择性的趋势相吻合。也就是说，在本研究给定的反应条件下，具有大的孔尺寸的催化剂在费托反应过程中呈现出较好的 C_{5+} 选择性和较大的链增长因子（α），如表 6.1 和表 6.2 所示。这可能是由于相对大的孔尺寸在费托反应过程中能够更高效地运输产物，并通过烯烃的二次裂解实现降低副产物 CH_4 选择性的目的（Zhang et al.，2010，Zhang et al.，2005）。也就是说，本研究中产物的选择性与催化剂的孔尺寸相关。研究中所制备的由活性相组成的介孔纺锤形催化剂在费托反应过程中呈现出高达 65%（Fe/2CTAB）的 C_{5+} 选择性。

6.5　性能概述

本研究采用水热法合成了具有纺锤形结构的 Fe_2O_3，通过改变引入的 CTAB 的量实现了纺锤形结构的孔尺寸可控。从 SEM 和 TEM 照片可知，孔是纺锤形结构在自组装过程中邻近的活性颗粒组成的间隙孔，并通过孔尺寸分布曲线可知，Fe、Fe/CTAB 和 Fe/2CTAB 的平均孔尺寸为 3.71nm，3.75nm 和 3.81nm，证实了所制备的材料为介孔材料。

通过还原后的催化剂的 H_2-TPD 测试可知，Fe/2CTAB 催化剂具有较低的 H_2 脱附温度（520℃）及较低的 H_2 化学吸附量（2.6$mmol_{H_2}\cdot g_{cat}^{-1}$）。与 Fe 和 Fe/CTAB 催化剂相比，Fe/2CTAB 催化剂具有较低的 H 原子吸附能力及低的 H_2 吸附量，这就限制了 Fe/2CTAB 催化剂在费托反应过程中的加氢能力，进而促进费托反应过程中的链增长反应，从而抑制 CH_4 的产生。通过 CO-TPD 曲线测试研究发现，Fe/2CTAB 催化剂呈现出较低的 CO 化学吸附量（80.9$\mu mol_{CO} \cdot g_{cat}^{-1}$），其次为 Fe（95.6$\mu mol_{CO} \cdot g_{cat}^{-1}$），相比而言 Fe/CTAB 呈现出较高的 CO 化学吸附量（130.7$\mu mol_{CO} \cdot g_{cat}^{-1}$）。此外，从 CO-TPD 曲线脱附峰的位置可知，同 Fe 和 Fe/2CTAB 催化剂相比，Fe/CTAB 催化剂不仅具有较高的 CO 吸附能力，也具有较高的 CO 吸附强度，进而增强了一氧化碳的解离能力并提高了催化活性。

通过比较 Fe 催化剂和 Fe/CTAB 及 Fe/2CTAB 催化剂费托反应后的催化性能发现，费托反应 72h 时，上述三种催化剂的 CO 转化率分别为：94.3%（Fe）、93.6%（Fe/CTAB）、95.3%（Fe/2CTAB）。在费托反应过程中，由于“表面碳化”或“烷基化”反应的进行，CO 的解离和碳加氢后，CH_2 往吸附在催化剂表面的烷基群上的插入会促进链增长反应，使得 C_{5+} 的选择性提高，副产物 CH_4 的选择性随着反应时间的延长而逐渐降低。在费托反应过程中除了降低副产物 CH_4 的选择性及提高催化稳定性，C_{5+} 碳氢化合物选择性是评价费托性能的一个非常最要的指标。在研究中给定的费托反应条件下，Fe、Fe/CTAB 和 Fe/2CTAB 三种催化剂，反应 72h 的 C_{5+} 选择性从高往低依次为：Fe/2CTAB(65.0%)＞Fe(58.9%)＞Fe/CTAB(55.2%)；副产物 CH_4 的选择性从低往高依次为 Fe/2CTAB(13.9%)＞Fe(16.9%)＞Fe/CTAB(19.1%)。结果表明，具有较大孔尺寸的 Fe/2CTAB 催化剂在费托反应过程中呈现出较好的费托性能。

第7章 Fe_2O_3@MnO_2纺锤形催化剂的制备及其费托性能

为了满足当代催化工业对能源和化学产品的需求，费托合成被认为是一种通过表面聚合反应直接有效地把从煤、天然气或生物质中获取的合成气（H_2/CO）转变成为液体燃料的技术（Digenova et. al.，2013，Rahimpour et. al.，2011，Ding et. al.，2015，Zhang et. al.，2010）。由于铁基催化剂具有优异的水煤气转化活性，更有利于把从煤或生物质中获取的低 H_2/CO 比的合成气转化成碳氢化合物；此外，采用铁基材料作为费托反应过程中的催化剂更有利于 C_{5+} 碳氢化合物和低碳烯烃的生成（Digenova et. al.，2013，Rahimpour et. al.，2011，Ding et. al.，2015，Zhang et. al.，2010，Galvis et. al.，2012）。在费托合成过程中产物的选择性通常受到 Anderson-Schulz-Flory（ASF）分布的约束（Zhang et. al.，2010，Galvis et. al.，2012，Xu et. al.，2013）。

在催化剂的制备中通常会引入助剂，期望能通过电子转移或电子间的相互作用改变活性相的结构或电子特征，进而达到调控目标产物选择性的目的。助剂的引入对一氧化碳解离起着极其重要的促进作用，有利于 C_{5+} 碳氢化合物和低碳烯烃的形成，同时抑制了副产物甲烷的选择性。基于此，为了有效地调控催化剂在费托反应中的性能，进而提高目标产物的选择性，通常会在催化剂的制备过程中引入少许的助剂。尤其是在铁基催化剂的制备过程中，通过引入助剂用于调控目标产物的选择性和催化剂在费托反应过程中的活性。

在早期的研究中，Mn 被视为铁基催化剂中一种有效的调控 C_2～C_4 烯烃选择性的助剂，在费托合成反应中得到了广泛的关注（Zhang et. al.，2010）。研究发现助剂锰的引入不仅提高了活性金属铁的分散度，还能够有效地阻碍催化剂由于积碳反应导致的活性下降（Xu et. al.，2013）。研究证明锰助剂的铁基催化剂在费托反应中具有很多的优势，但是此种铁锰催化剂在费托反应中主要用于提高 C_2～C_4 烯烃的选择性以及抑制副产物 CH_4 的选择性。很少有研究中提及 Mn 为助剂的铁基催化剂对 C_{5+} 碳氢化合物选择性的影响。主要是因为 Mn 和 Fe 均属于过渡型金属，在催化剂的制备过程中 Mn 很容易占据铁的八面体位置，进而导致 Fe-Mn 尖晶石氧化物的形成，这就限制了在费托反应中对烯烃二次加氢反应的进行（Xu et. al.，2013，Li et. al.，2007，Venter et. al.，1987）。此外，Mn 与活性金属 Fe 之间强的相互作用不利于铁的前驱体被还原成为碳化铁活性相，进而减少了催化剂的活性位的数量，也就不利于一氧化碳的解离，最终导致低的催化活性。为了克服催化剂在费托反应中低的 C_{5+} 碳氢化合物的选择性和低的催化活性，最有效的方式就是设计一种与活性金属不存在相互作用的助剂促进的复合材料。

Mn 为助剂的铁基催化剂在费托反应中表现出优异的催化性能。特别地，先前的研究主要关注于引入 Mn 助剂提高低碳（C_2～C_4）烯烃的选择性，鲜少有文献中涉及引入锰助剂提高 C_{5+} 碳氢化合物的选择性。主要是因为在早先报道的催化剂的制备中引入锰不可避免地形成了铁锰尖晶石氧化物，进而限制了 Mn 为助剂的铁基催化剂在费托过程中的链增长反应。为了阻碍 Fe-Mn 尖晶石氧化物的形成，并最大限度地发挥 Mn 捐赠电子的能力，本研究中采用水热法通过给制备出的 Fe_2O_3 纺锤形结构上包覆二氧化锰合成了核壳结构的 Fe_2O_3@MnO_2 催化剂。重要的是，此过程中没有形成铁锰尖晶石氧化物。本研究中采用固定床反应器对其在费托反应中的性能进行评估。与传统的 Fe-Mn 催化剂相比，本研究中合成的没有铁锰尖晶石氧化物形成的核壳结构催化剂在费托反应中呈现出较高的催化活性和优异的 C_{5+} 碳氢化合物的选择性以及低的 CH_4 选择性。

对 Mn 助剂在费托反应中对催化性能的影响进行了详细的探讨。研究发现在核壳催化剂中的锰助剂能够加速一氧化碳的解离，进而提高了用于链增长的活性中间体的浓度。与没有引入锰的纯的 Fe_2O_3（无 Mn）催化剂相比，锰引入的核壳结构催化剂（Mn-9）在费托反应中呈现出较高的 C_{5+} 碳氢化合物的选择性，相应的选择性从 44.6%（无 Mn）增加到了 66.6%（Mn-9）；同时副产物甲烷的选择性从 16.8%（无 Mn）被降至 8.9%（Mn-9）。

7.1 Fe_2O_3@MnO_2 纺锤形核壳结构催化剂的制备

7.1.1 Fe_2O_3 纺锤形催化剂的制备

实验中采用水热法合成了 Fe_2O_3 纺锤形催化剂，样品的制备过程中所有的试剂均没有提纯。具体的制备过程如下：2.0g 六水氯化铁和 1.0g 聚乙烯吡咯烷酮溶解于 30mL 去离子水中，紧接着依次加入 2.0g 无水乙酸钠和 7.0mL 的乙二胺，整个过程均在磁力搅拌条件下进行。把上述反应溶液转移至 100mL 的聚四氟乙烯反应釜中密封，随后置于 200℃的烘箱中反应 10h。反应结束后把反应釜底部的砖红色沉淀用去离子水多次洗涤后烘干备用。

7.1.2 Fe_2O_3@MnO_2 纺锤形核壳结构催化剂的制备

在上面制备的 Fe_2O_3 纺锤形催化剂的基础上，以高锰酸钾和 Fe_2O_3 粉末为原料采用水热合成反应制备了 Fe_2O_3@MnO_2 纺锤形核壳结构催化剂。具体的制备过程如下：0.3g 上述制备的 Fe_2O_3 纺锤形催化剂溶解于 40mL 去离子水中，紧接着加入 0.3g 高锰酸钾，随后加入 1.0mL 的冰醋酸，整个过程均在磁力搅拌条件下进行；上述混合溶液中铁与锰的摩尔比为 2.0；把上述混合溶液转移到 100mL 的聚四氟乙烯反应釜中，密封后置于 100℃的烘箱中反应 8h；反应结束后获取的沉淀用去离子水洗涤多次后烘干备用。

7.2 Fe_2O_3 和 Fe_2O_3@MnO_2 纺锤形催化剂的形貌及结构特征

本章中采用水热法合成了 Fe_2O_3 纺锤形催化剂，随后合成了核壳结构的 Fe_2O_3@MnO_2 纺锤形催化剂。首先，在聚乙烯吡咯烷酮的参与下通过六水氯化铁的水解反应合成了单分散的 Fe_2O_3 纺锤形催化剂。从图 7.1(a) 所示的扫描电镜照片中可以观察到平均长度为 1.3μm、宽度为 350nm 的纺锤形结构的颗粒。从图 7.1(b) 给出的高分辨透射电镜照片中可得出样品的晶格间距为 0.25nm，这个值与磁铁矿的 (111) 晶面相匹配。

值得注意的是，聚乙烯吡咯烷酮在水热反应中作为配体用于稳定和诱导纺锤形结构的形成。主要是因为聚乙烯吡咯烷酮的亚酰胺基上存在 O 和 N 的孤对电子，这些孤对电子对反应中形成的晶核有一定的亲和能力，在聚乙烯吡咯烷酮的选择性吸附作用下，晶核朝着一定的方向迁移吸附并组装形成大的颗粒。重要的是，此过程将会在颗粒的表面形成有机碳层（Zhang et al.，2015，Pol et al.，2005，Jia et al.，2008）。从图 7.1(c) 和 (d) 所示的 TEM 电镜照片中可以观察到均匀连续的碳层，证明了获得的纺锤形结构表面包裹了一层薄薄的碳层。

聚乙烯吡咯烷酮为非离子型表面活性剂，也就是说水热反应形成的有机层可被用于诱导二氧化锰向赤铁矿表面迁移吸附的界面模板；更重要的是，该有机层有效地阻碍了三氧化二铁和二氧化锰之间的相互作用。

在水解反应中通过高温分解高锰酸钾使得二氧化锰层包裹在三氧化二铁纺锤形结构的表面（Bao et al.，2011）。图 7.2(a) 为合成的 Fe_2O_3@MnO_2 核壳结构的扫面电镜照片。与没有包覆二氧化锰的三氧化二铁的 SEM 照片[图 7.1(a)] 相比，从图 7.2(a) 所示的 SEM 照片中可以观察到 MnO_2 壳层覆盖在纺锤形结构的表面，这也就说明了采用此方法成功制备出了 Fe_2O_3@MnO_2 核壳结构。

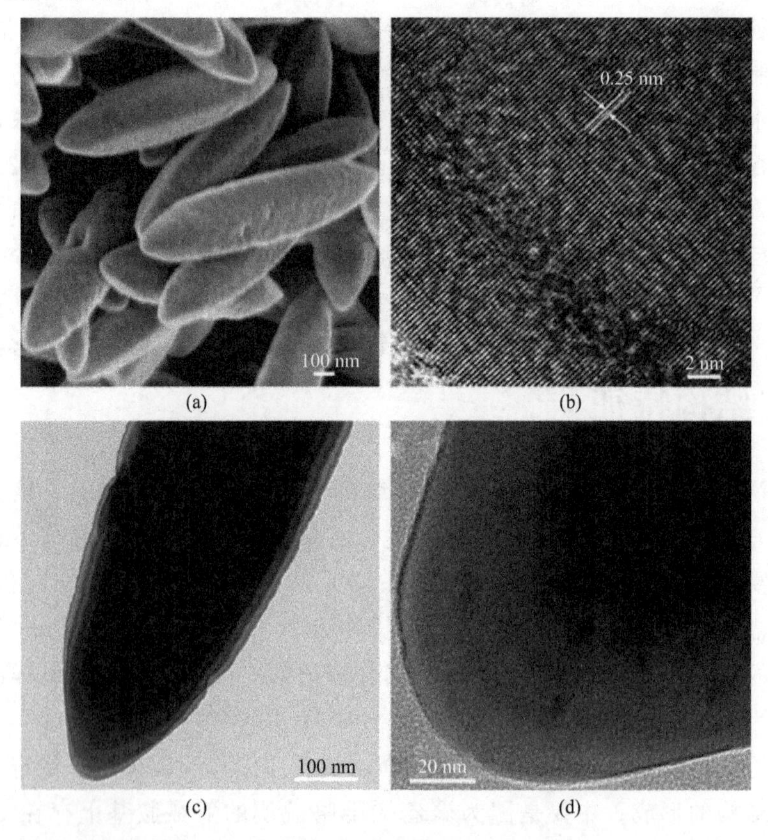

图 7.1 新制备的 Fe_2O_3 纺锤形催化剂的 SEM(a) 和 TEM (b) ～ (d) 照片

有意义的是，MnO_2 纳米片组成的壳层并没有完全覆盖住整个纺锤形颗粒的表面，并且相邻的二氧化锰纳米片之间的空隙有利于催化反应过程中热和质的传递，增加了气体在催化反应过程中的碰撞频率，有利于催化性能的提高。

图 7.2(b) 和(c) 为 Fe_2O_3@MnO_2 核壳催化剂的 TEM 照片，可以清晰地观察到二氧化锰壳层包覆在以三氧化二铁为核的纺锤形结构表面。从图 7.2(c) 所示的样品的高清 TEM 电镜照片可以观察到组成核壳结构的二氧化锰壳和三氧化二铁核。图 7.2(d) 给出了 Fe_2O_3@MnO_2 核壳结构的晶格条纹，晶格间距为 0.27nm，这个结果与三氧化二铁的（104）晶面相匹配。

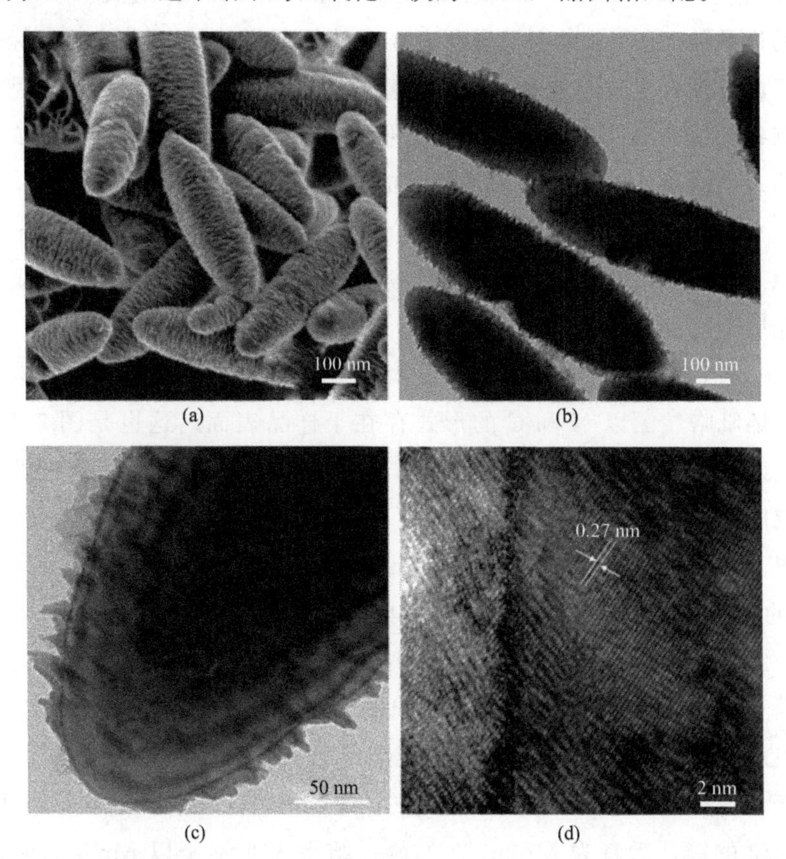

图 7.2　新制备的 Mn-10 核壳结构催化剂的 SEM（a）和 TEM（b）～(d) 照片

为了方便后续的讨论，本章中把上述制备的 Fe_2O_3 和 Fe_2O_3@MnO_2 纺锤形样品分别命名为 Mn-free 和 Mn-10 催化剂。此外，通过 X-射线光电子能谱分析得出 Mn-10 催化剂中锰的质量为 0.1g，如表 7.1 所示。为了更好地研究 Mn 助剂对催化剂在费托反应中性能的影响，除了 Mn-10 催化剂，本章中也合成了 Mn 含量为 0.09g 的 Mn-9 核壳结构催化剂。

表 7.1 样品的 X-射线光电子能谱分析结果

催化剂	Fe /%(质量)	O /%(质量)	Mn /%(质量)	S /%(质量)	Cr /%(质量)	K /%(质量)
Mn-free	69.776	30.122	0.040	0.024	0.022	0.016
Mn-9	59.656	28.836	9.458	0.008	0.025	2.017
Mn-10	58.902	28.760	10.061	0.013	0.021	2.242
Mn-free-K	69.146	30.227	0.059	0.005	0.030	0.533

X-射线粉末衍射用于研究制备的纺锤形结构的物相组成。从图 7.3(a) 所示的样品的 XRD 图谱中发现所有样品的衍射样式均与磁铁矿的标准衍射峰相匹配；没有发现与锰相关的峰；意味着二氧化锰壳层是以无定型状态存在于制备的核壳结构中的。为了进一步探究制备的壳层材料的组成成分以及样品的表面状态，本章中获得了样品的 X-射线光电子能谱图。

从 7.3(b) 所示的样品的 XPS 全谱图中除了可以观察到 Fe2p、O1s、N1s、C1s 的信号峰外，也观察到了 Mn2p 的信号峰；结果表明组成复合材料的壳层为锰的氧化物。

N1s 和 C1s 的信号峰来源于聚乙烯吡咯烷酮上的亚酰胺基，意味着反应后聚乙烯吡咯烷酮以 N 和 C 的形式存在于样品表面，这也是图 7.1(c) 和 (d) 透射电镜照片中所示的 Fe_2O_3 纺锤形结构的外表面包裹的有机膜的主要组成成分 (Bao et al., 2011)。

图 7.3(c) 和 (d) 为相应的 Fe2p 和 Mn2p 放大的 XPS 谱图。研究发现 Fe2p 的 XPS 图谱是由键能位于 724.4 eV 和 710.3 eV 处的 Fe2p3/2 和 Fe2p1/2 峰和位于 731.8 eV 和 717.6 eV 的两个弱的肩峰组成的，这些峰均可归因于磁铁矿结构。图 7.3(c) 给出的 Fe2p 的 XPS 结果与图 7.3(a) 所示的 XRD 的结果相吻合。从图 7.3(d) 给出的 Mn2p 的 XPS 图谱中可以观察到位于 642.3 eV 和 653.9 eV 的两个峰；其中，键能较小的可归因于 Mn2p3/2 的峰，后者为 Mn2p1/2 的峰；结果表明锰是以 Mn^{4+} 的形式存在于合成的核壳结构中的 (Kong et al., 2014, Li et al., 2013)。从样品的透射电镜照片、X-射线粉末衍射图谱及 X-射线光电子能谱中分析得出的结果可知本章中合成的核壳结构材料中没有出现铁锰尖晶石氧化物。

为了研究锰助剂对核壳结构催化剂还原行为的影响，采用全自动程序升温化学吸附分析仪获得了样品的 H_2-TPR 图谱。从如图 7.4 所示的没有引入锰的 Mn-free 催化剂在氢气氛围中的还原峰中可以观察到位于 508℃处的主

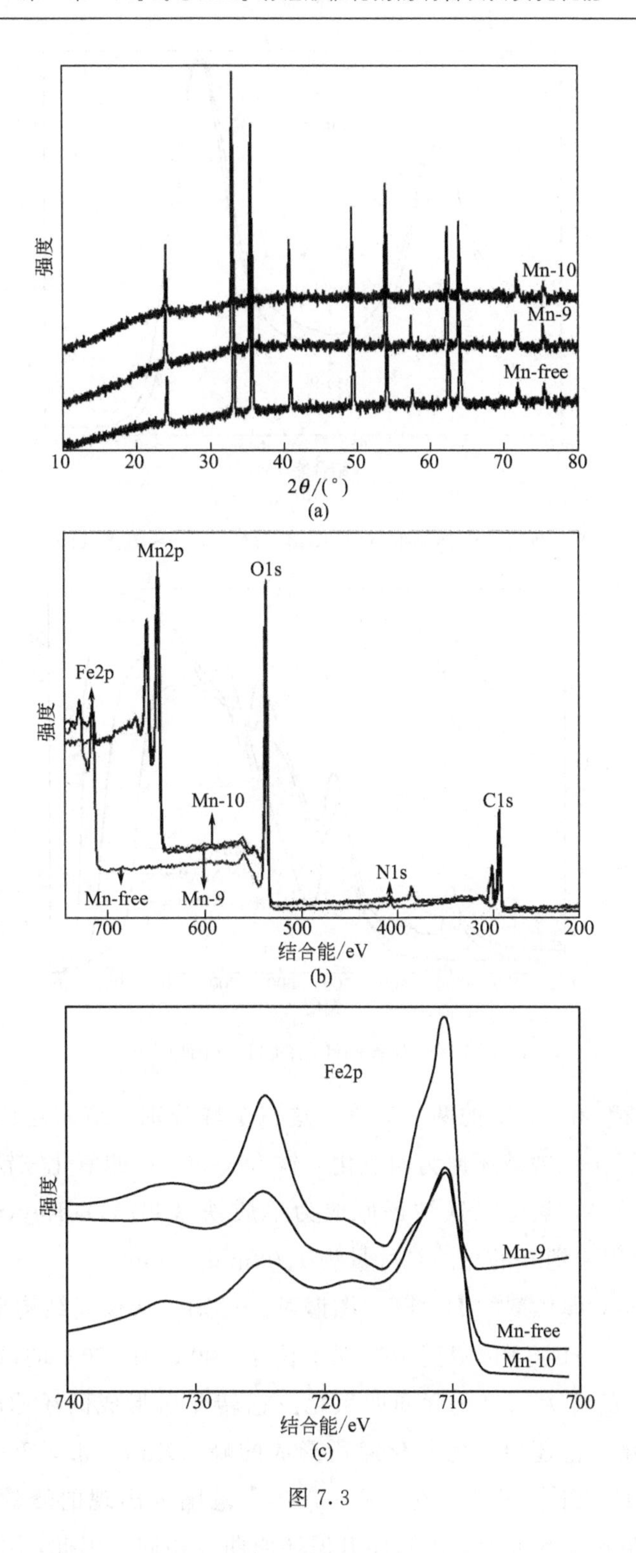
强度
Mn-10
Mn-9
Mn-free
10
20
30
40
50
60
70
80
2θ/(°)
(a)
Mn2p
O1s
Fe2p
强度
Mn-10
C1s
N1s
Mn-free
Mn-9
700
600
500
400
300
200
结合能/eV
(b)
Fe2p
强度
Mn-9
Mn-free
Mn-10
740
730
720
710
700
结合能/eV
(c)

图 7.3

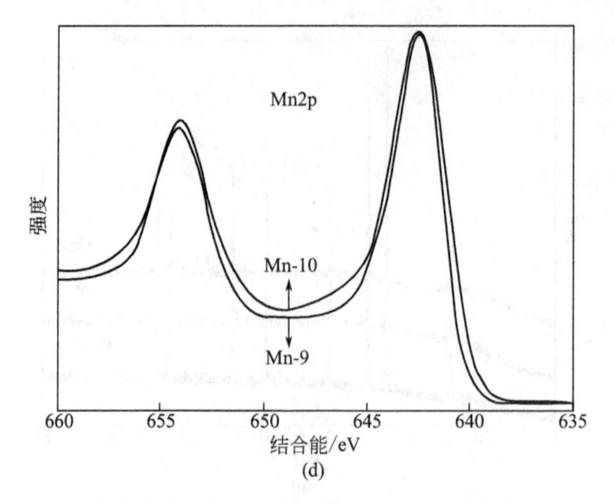

图 7.3　新制备的样品的 XPD 图谱（a）和 XPS 图谱（b）～（d）

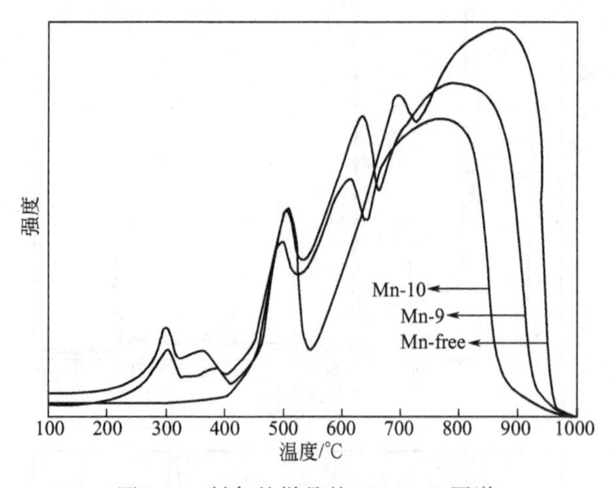

图 7.4　制备的样品的 H_2-TPR 图谱

峰和位于 692℃和 867℃的两个肩峰。这三个峰分别对应着还原过程中的三个阶段：三氧化二铁被还原为四氧化三铁（508℃），四氧化三铁被还原为氧化亚铁（692℃），氧化亚铁被还原成为单质铁（867℃）(Keyvanloo et al.，2014)。此过程中消耗的总的氢气量为 1.08mol_{H_2}/mol_{Fe}。

与 Mn-free 催化剂的 H_2-TPR 图谱对比可知，从核壳结构催化剂（Mn-9 和 Mn-10）的 H_2-TPR 图谱中发现了位于 300℃和 370℃的两个新峰。研究发现 300℃的峰为二氧化锰向四氧化三锰转变所形成的还原峰，370℃的峰则为四氧化三锰还原成为氧化锰所形成的峰（Xu et al.，2006)。核壳结构催化剂的 H_2-TPR 图谱中在 400～1000℃范围内出现的峰的形状与 Mn-free 催化剂在此温度范围内的程序升温还原曲线相同。因此，核壳结构催化剂在此范围的峰也可以归咎于三氧化二铁在氢气氛围中的还原峰。在此过程中 Mn-9 催化剂和 Mn-10 催化剂消耗的氢气量分别为 $0.88mol_{H_2}/mol_{Fe}$ 和 $1.17mol_{H_2}/mol_{Fe}$，所消耗的氢气量与 Mn-free 催化剂的 $1.08mol_{H_2}/mol_{Fe}$ 相近，表明助剂锰的引入没有阻碍三氧化二铁在还原过程中对氢气的吸收。

Mn-9 和 Mn-10 催化剂中三氧化二铁的还原峰的位置较 Mn-free 催化剂中发生了蓝移，表明助剂锰的引入促进了三氧化二铁的还原。值得一提的是，上述分析结果与先前文献中报道的结果相反，主要是因为在先前研究中所用的催化剂中 Mn 与 Fe 存在着强的相互作用并且锰是以铁锰尖晶石氧化物 $(Fe_{1-x}Mn_x)_3O_4$ 形式存在于催化剂中的。铁锰尖晶石氧化物的存在抑制了氢气的吸附，导致还原峰朝着高温方向移动（Li et al.，2013）。如图 7.4 所示，由于在制备过程中没有形成铁锰尖晶石氧化物，因此本章中引入的锰助剂能够降低氧化铁的还原温度；意味着在还原过程中铁氧键更容易断裂，更利于氧的去除。结果表明，锰助剂以壳层材料的形式引入到催化剂中或许能够促进催化剂在费托反应过程中的加氢和链终结反应。

7.3　还原后的无 Mn 和 Mn 引入催化剂的形貌及结构特征

为了研究锰助剂的引入对催化剂在费托反应过程中氢气吸收性能的影响，获得了如图 7.5(a) 所示的还原后催化剂的 H_2-TPD 曲线。从图 7.5(a) 给出的曲线可知，Mn-9 催化剂和 Mn-10 催化剂的 H_2-TPD 曲线与没有引入锰的 Mn-free 催化剂的 H_2-TPD 曲线的形状完全相同，均包含一个强的高温吸收峰和两个弱的低温吸收肩峰。从图 7.5(a) 给出的 Mn-free、Mn-9、Mn-10 催化剂的 H_2-TPD 曲线计算得出氢气吸收量分别为 $4.3mmol_{H_2}/g_{Fe}$、$6.1mmol_{H_2}/g_{Fe}$、$7.5mmol_{H_2}/g_{Fe}$。此外，锰引入的 Mn-9 和 Mn-10 催化剂的 H_2-TPD 曲线中显示的氢气脱附温度比没有引入锰的 Mn-free 催化剂中的高。

从上述分析可知，锰的引入不仅能够降低金属的性能和 Fe 活性中心的电子密度，而且还能够减弱 H-Fe 键的强度并增强氢气的吸收量。这主要是因为锰助剂可作为一种电子受体用于接收来自由氢的电子，进而实现电子从 Fe 向 Mn 的转移。值得注意的是，随着每克催化剂中锰含量从 0.09g 增至 0.1g，氢气的吸收量相应的从 $6.1mmol_{H_2}/g_{Fe}$ 增加到 $7.5mmol_{H_2}/g_{Fe}$。换句话说，锰的引入促进了氢气的吸收。但是由于锰的引入增加了氢气的脱附温度，这就意味着引入锰的催化剂费托反应过程中的加氢反应可能会受到抑制。

CO 的解离在费托反应中起着至关重要的作用（Keyvanloo et al.，2014）。因此，除了 H_2，本章中也研究了 CO 在费托合成反应中在活性相表面的吸附和解离反应。为了更好地理解助剂锰的引入对 CO 吸脱附性能的影响，通过获取的 CO-TPD 曲线计算得出了催化剂中每克铁能够吸附的一氧化碳的量。从图 7.5(b) 给出的还原后样品的 CO-TPD 曲线可知，锰引入的催化剂的曲线由两类脱附峰组成，分别是位于 300℃的由于脱附一氧化碳分子产生的低温峰和位于 330℃和 750℃的由解离的碳和氧在催化剂表面重新结合成 CO 后脱附形成的高温峰（Keyvanloo et al.，2014）。与引入锰的催化剂（Mn-9 和 Mn-10）相比，从低于 400℃的温度氛围内的还原后的 Mn-free 催化剂的 CO-TPD 曲线中没有观察到峰。也就是说助剂锰的引入能够促进一

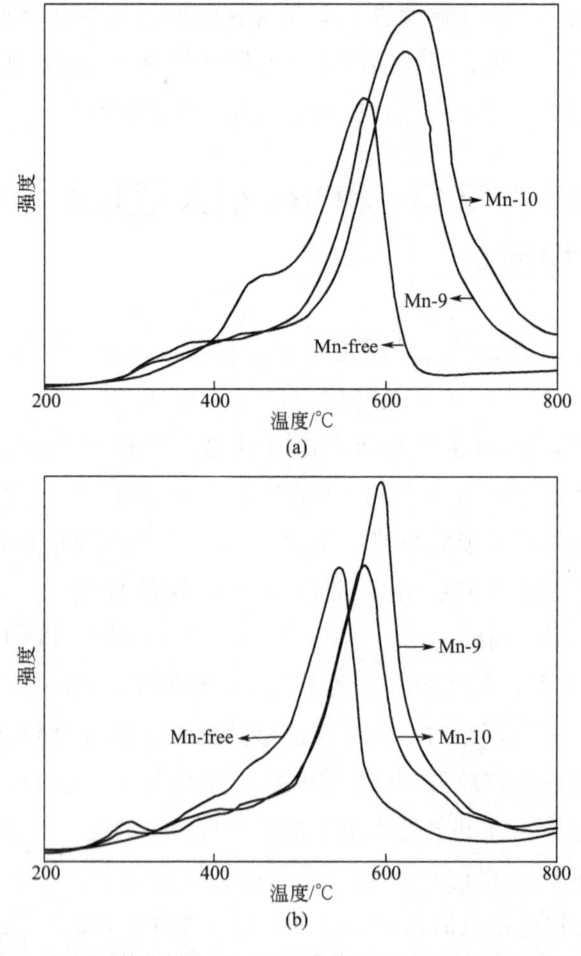

图 7.5 还原后催化剂的 H_2-TPD 曲线（a）和 CO-TPD 曲线（b）

氧化碳在活性位表面的解离。与 Mn-free 催化剂的 CO-TPD 曲线相比，锰引入的 Mn-9 和 Mn-10 催化剂中给出的一氧化碳的高温脱附峰发生了红移。

催化剂的性能与活性相位的数目息息相关，假定一个一氧化碳分子吸附在一个活性位上计算得出了活性位的密度（Schaidle et al.，2015）。基于此，本章中根据获取的还原后催化剂的 CO-TPD 曲线计算得出了一氧化碳吸附量，通过 Mn-free、Mn-9、Mn-10 催化剂的一氧化碳吸附量分别为 0.47$mmol_{CO}/g_{Fe}$、0.66$mmol_{CO}/g_{Fe}$、0.54$mmol_{CO}/g_{Fe}$。

需要特别指出的是，文章中曾报道纯的多孔硅纳米管中由于不存在活性位，所以催化剂在费托反应中没有催化活性。但是当引入含铁的氧化物后催化剂的活性得到了显著的提高，这意味着铁源为费托反应中的活性位（Wang et al.，2015）。此外，已有文献证实铁的担载量太多会导致产生较高密度的活性位（Keyvanloo et al.，2014）。

由于费托合成技术是一种在催化剂活性表面进行的反应，因此费托反应对催化剂的表面结构比较敏感。更重要的是，CO-TPD 测试过程中 Mn-9 和 Mn-10 催化剂的一氧化碳吸附量分别为 0.66$mmol_{CO}/g_{Fe}$ 和 0.54$mmol_{CO}/g_{Fe}$，获取的值比没有锰引入的 Mn-free 催化剂给出的 0.47$mmol_{CO}/g_{Fe}$ 高。结果表明助剂锰的引入增强了 Fe—C 键的强度并增加了活性位的数目。另一方面，助剂锰的引入使得解离后的 C 和 O 很难再重新组合形成一氧化碳，预示着助剂锰有利于促进铁基催化剂在费托反应中的 C—O 键的解离。主要是因为来自于一氧化碳的碳原子易与活性金属铁结合，同时氧原子易与邻近的被部分还原的锰的键合。此外，还原后的铁基催化剂通常被视为费托反应过程中的活性相（Cano et al.，2011）。

在费托合成反应过程中，一氧化碳首先吸附在活性位的表面，随后进行解离并加氢形成 CH_x，随着 CH_2 基团的不断插入聚合最终形成长链碳氢化合物（Galvis et al.，2012）。

另外，研究发现随着每克催化剂中助剂锰的含量从质量分数 9%（Mn-9）增加至 10%（Mn-10），一氧化碳的化学吸附量从 0.66$mmol_{CO}/g_{Fe}$ 降低至 0.54$mmol_{CO}/g_{Fe}$。结果表明当助剂锰的量超出需要的量时吸附的一氧化碳的量就会有所下降。

对即将进行费托反应的铁基催化剂而言，前期的还原阶段至关重要。整个还原过程包括氧的去除和碳的引入。氧的去除与三氧化二铁向四氧化三铁的转变有关；碳的引入是指碳化铁的形成（Wan et al.，2008，Kuivila et al.，1989）。特别地，碳的引入对铁基催化剂进行的费托反应是非常重要的。基于此，获取了还原后的催化剂的XRD图谱。新制备样品中的赤铁矿结构均被碳化铁所取代，图7.6(a）中探测出的大部分的衍射峰均可归因于碳化铁。结果表明在合成气还原过程中三氧化二铁被还原成为碳化铁。与没有引入锰的Mn-free催化剂的XRD图谱类似，从被还原后的锰为助剂的Mn-9和Mn-10催化剂的XRD图谱中也探测到了碳化铁。对铁基催化剂而言，碳化铁被认为是费托反应过程中的活性相（Zhang et al.，2010，Jones et al.，1986）。由于碳化铁的活化能比较低（43.9～69.0kJ·mol^{-1}），因此在给定的反应条件下绝大多数三氧化二铁很容易被还原成为碳化铁（Zhang et al.，2010，Niemantsverdriet et al.，1981，Vannice et al.，1975）。

由于催化剂需要在300℃的合成气氛围中活化12h，此过程中很难避免少量的单质铁（90kJ·mol^{-1}）的形成。除了碳化铁和铁以外，从还原后的催化剂的XRD图谱上也能够观察到四氧化三铁和四氧化三锰的物相。其中，四氧化三铁的存在表明助剂锰的引入减慢了四氧化三铁被碳化成为碳化铁的速度。

费托合成反应之所以对催化剂的表面结构比较敏感主要是因为费托合成反应是发生在催化剂表面的反应，进而催化剂的表面结构会影响到催化剂在费托反应过程中的性能（Zhang et al.，2010）。因此，为了研究还原后催化剂表面的碳源和缺陷类型获取了如图7.6(a）所示的还原后的催化剂的拉曼图谱。研究发现，锰为助剂的Mn-9和Mn-10催化剂图谱中位于592 cm^{-1}处的峰为磁性四氧化三铁相的峰。这个结果与从图7.6(a）的XRD图谱分析得出的结果相吻合。这也就进一步证明了Mn助剂能够抑制碳的引入进而抑制催化剂在费托反应中的碳沉积反应。

从没有锰引入的Mn-free催化剂的拉曼图谱中可以清晰地观察到位于1354cm^{-1}和1594cm^{-1}处的两个特征峰，分别是D峰和G峰（Yang et al.，2004，Moussa et al.，2014，Airaksinen et al.，2005）。D峰是由缺陷位置的结构位错产生的，也就是C原子晶格的缺陷。G峰代表的是C原子sp^2杂化的面内伸缩振动（Yang et al.，2004，Airaksinen et al.，2005）。当D/G强度的比值接近零时为高度有序的热解的石墨结构，因此D/G强度的比值通常用来评估石墨结构的质量（Moussa et al.，2014，Dresselhaus et al.，2010）。由于D-峰代表晶格的缺陷，D/G的强度比越大代表C原子晶体的缺陷比较多。

从图7.6(b）可知Mn-free、Mn-9、Mn-10催化剂的D/G强度比分别为0.79、0.93、0.90。显而易见，锰为助剂的Mn-9和Mn-10催化剂中D/G强度比值比没有引入锰的Mn-free催化剂中D/G强度比值高，意味着助剂锰的引入能够增加碳晶格中位错的程度和缺陷位。这些缺陷位可作为形核位能够促进铁基纳米颗粒的形成，并且这些纳米颗粒能够固定于C表面。如此，催化剂在费托反应过程中的迁移将会被减弱，并且烧结过程也会被抑制（Yang et al.，2004）。

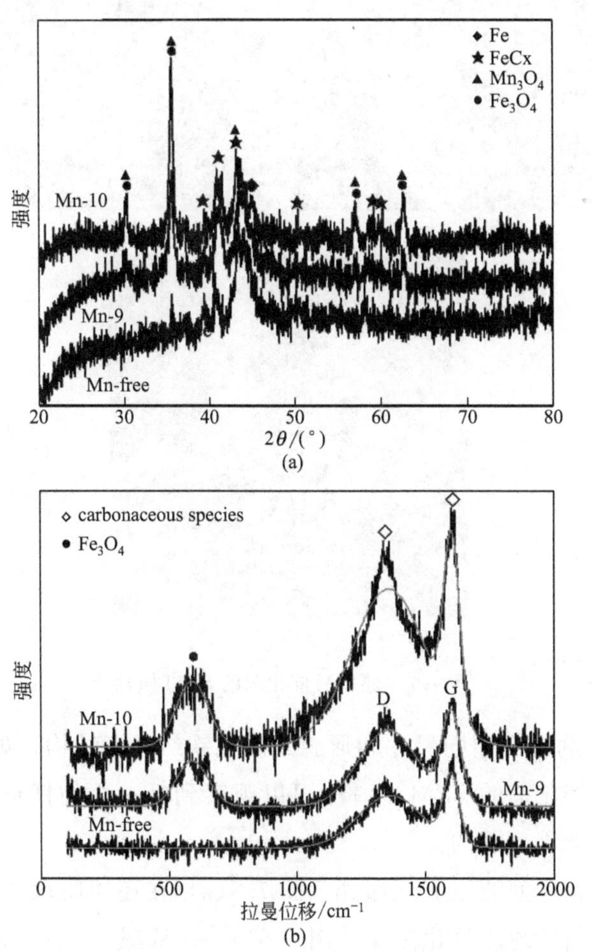

图 7.6　还原后催化剂的 XRD（a）图谱和拉曼图谱（b）

金属纳米颗粒的尺寸效应对依赖于CO转化率的转换频率有一定的影响，因此也对费托反应过程中的催化活性具有重要影响（Airaksinen et al.，2005）。碳化铁被认为是铁基催化剂在费托反应中的活性相；为了观察本章中还原后的由碳化铁组成的催化剂的形貌，获取了还原后的催化剂的SEM照片，如图7.7所示。

为了更好地排除其它因素对催化剂性能的影响，进而更好地研究锰助剂对费托反应中催化性能的影响，本章中也设计合成出了没有锰引入与Mn-9

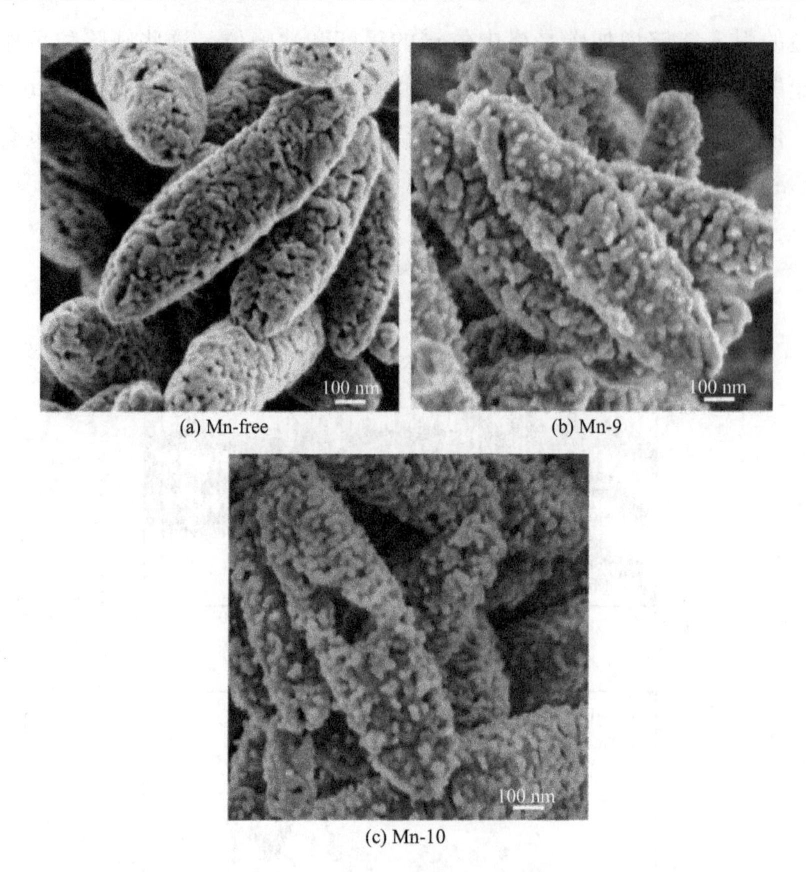

(a) Mn-free　(b) Mn-9

(c) Mn-10

图 7.7　还原后催化剂的 SEM 照片

和 Mn-10 催化剂具有相同尺寸和形貌的碳化铁纺锤形结构，如图 7.7(a) 所示。从还原后催化剂的 SEM 照片中可以观察到每一个纺锤形结构均是由许多纳米颗粒密堆积而成的。

已经证实无定型的二氧化锰壳［图 7.3(a)］在还原阶段被合成气还原成为具有良好结晶性的四氧化三锰［图 7.6(a)］；从图 7.7(b) 和 (c) 给出的还原后的 Mn-9 催化剂和 Mn-10 催化剂的 SEM 照片中可以观察到四氧化三锰纳米颗粒分散在活性相的表面，并且四氧化三锰的存在并没有堵塞由纳米颗粒组成的活性相间的孔隙；这些孔隙有利于催化剂在反应过程中热和质的传递。特别地，从图 7.7(c) 中可以观察到具有缺口的纺锤形结构，从缺口处可以发现所制备的催化剂是由纳米颗粒组装而成的空心结构。

为了验证所合成的分级空心结构是否为多孔材料，获取了还原后催化剂的氮气吸脱附曲线，进而计算得出相应催化剂的比表面和孔尺寸。如图 7.8 所示 Mn-free、Mn-9、Mn-10 催化剂的比表面积分别为 15.0m^2/g、17.6m^2/g、

14.4m^2/g，与之相对应的孔比体积分别为 0.072cm^3/g、0.068cm^3/g、0.067cm^3/g。需要特别指出的是，还原后的催化剂的孔尺寸主要集中在 3.8nm 处，也就是说还原后的催化剂是具有相似孔结构的多孔材料。因此，本章中没有讨论孔结构对催化剂在费托反应过程中性能的影响。

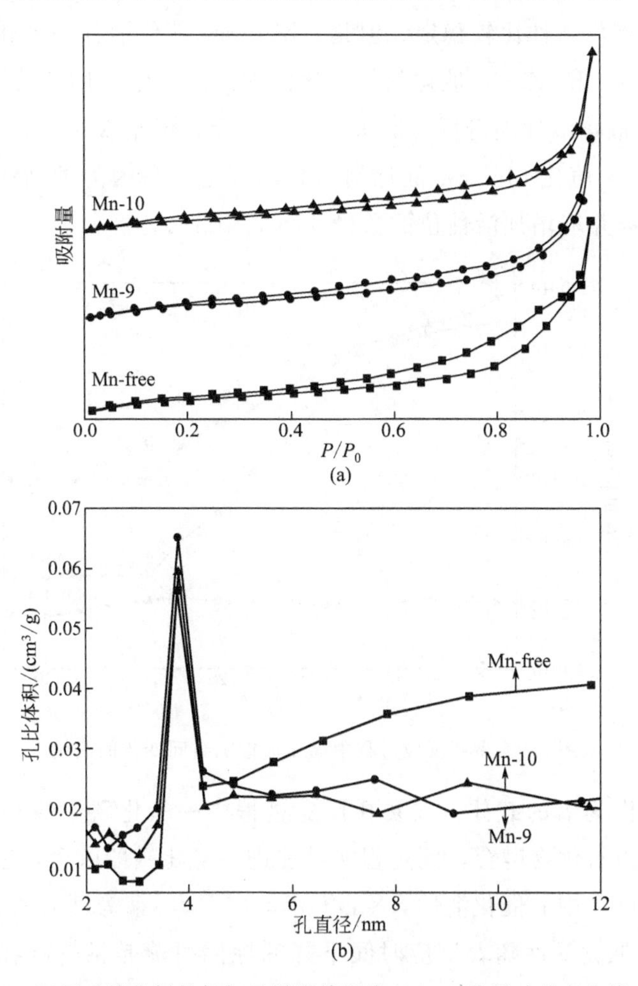

图 7.8　还原后催化剂的氮气吸脱附等温线（a）和孔尺寸分布曲线（b）

7.4　无 Mn 和 Mn 引入催化剂的费托性能

7.4.1　Mn 的引入对催化剂活性的调控

催化剂在 300℃、H_2/CO＝1 的合成气氛围中还原 12h 后，紧接着在

280℃、2MPa、$H_2/CO=1$ 的合成气氛围中进行费托合成反应。催化活性代表着每克铁每秒把一氧化碳分子转变成碳氢化合物的摩尔数，并记作铁时间产率（FTY）(Rahimpour et al.，2011)。FTY 能够反映出催化剂的CO转化率和碳氢化合物的选择性。如图 7.9 所示，无锰引入的 Mn-free 催化剂费托反应 24h 的催化活性比较稳定；但是，Mn-free 催化活性的催化活性低于锰为助剂的 Mn-9 和 Mn-10 催化剂的催化活性。虽然锰为助剂的 Mn-9 和 Mn-10 催化剂的催化活性随着反应的进行有所下降，但是 Mn-9 催化剂和 Mn-10 催化剂的 FTY 值比 Mn-free 催化剂的高，这主要是因为助剂锰的引入能够减弱 C—O 键并能增加活性位的数目［图 7.5(b)］。

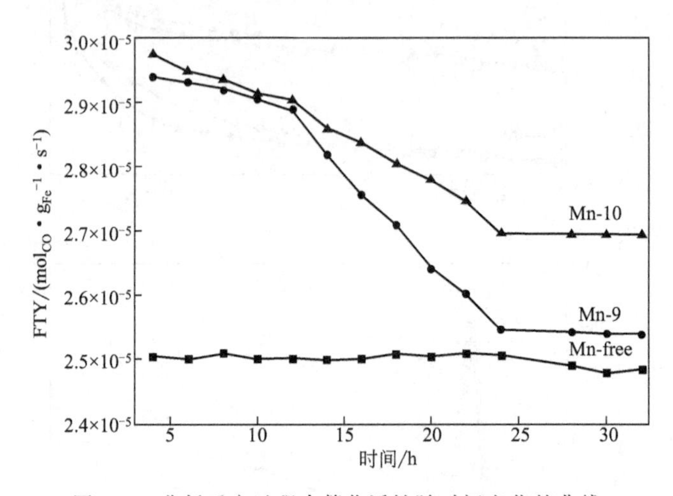

图 7.9　费托反应过程中催化活性随时间变化的曲线

锰可以作为氧的载体，在费托反应过程中一氧化碳中的 O 能够与部分被还原的锰的氧化物键合，此过程能够促进一氧化碳的解离，进而提高了催化剂在费托反应中的催化活性（Xu et al.，2006）。锰为助剂的 Mn-9 和 Mn-10 催化剂的催化活性随着反应时间下降的原因可能是锰的存在阻碍了铁的氧化物向活性碳化铁的转变，这也就降低了 Mn-9 和 Mn-10 催化剂中活性碳化铁的数目。

7.4.2　Mn 的引入对费托产物收率的调控

为了探究助剂锰的引入对费托反应中产物收率的影响，根据每克铁每秒钟产生的碳氢化合的质量计算得出了催化剂费托反应 24h 的比产物收率 (Rahimpour et al.，2011，Gavis et al.，2012)。对费托反应而言，产物分布通常遵循统计的碳氢化合物分布，这种分布被命名为 Anderson-Schulz-

Flory（ASF）分布。在这个模型中，通过一氧化碳的解离和加氢反应得到吸附在催化剂活性相表面的 CH_3 基团并被用作链引发剂，链增长反应随着新形成的亚甲基单体（CH_2）的不断插入而进行着。

值得一提的是，锰的氧化物中二价的锰离子能够活化 C—O 键，促进 CH_2 单体的插入（Treviño et al.，1995）。换句话说，助剂锰引入的催化剂在费托反应过程中能够促进链增长反应的进行，进而获得较高的 C_{5+} 碳氢化合物的选择性。如图 7.10(a) 所示，与没有引入锰的 Mn-free 催化剂相比，Mn-9 催化剂和 Mn-10 催化剂给出了较高的 C_{5+} 碳氢化合物的收率和较低的甲烷收率。从图 7.10(a) 中可知，Mn-9 催化剂呈现出最高的 C_{5+} 收率（$1.86\times10^{-3}g_{HC}\cdot g_{Fe}^{-1}\cdot s^{-1}$）和最低的副产物甲烷的收率（$2.54\times10^{-4}g_{HC}\cdot g_{Fe}^{-1}\cdot s^{-1}$）。虽然 Mn-10 催化剂的甲烷收率（$3.06\times10^{-4}g_{HC}\cdot g_{Fe}^{-1}\cdot s^{-1}$）比 Mn-9 高，但是 C_{5+} 的收率（$1.85\times10^{-3}g_{HC}\cdot g_{Fe}^{-1}\cdot s^{-1}$）与 Mn-9 催化剂的相近。对费托反应而言，通常采用 ASF 模型预测产物的分布状况，用模型预测出的汽油段碳氢化合物（$C_5\sim C_{11}$）和柴油段碳氢化合物（$C_{12}\sim C_{20}$）的最大选择性分别为 45%（质量）和 30%（质量），此时的链增长因子（α）分别为 0.7 和 0.8（Zhang et al.，2010，Friedel et al.，1950）。同时根据此模型预测得到的甲烷的选择性为 45%（质量）。

根据上述分析，本章中根据费托反应 24h 的产物分布获取了如图 7.10(b) 所示的 ASF 曲线。从图中可知 Mn-9 催化剂和 Mn-10 催化剂的链增长因子约为 0.75，接近于采用模型预测出的能合成出最大量的汽油段碳氢化合物的 α 值。

图 7.10(b) 曲线中给出的甲烷的选择性比用 ASF 模型预测出的甲烷的选择性低。有意义的是，这种差值对助剂促进的铁基催化剂而言是有利的，预示着在催化反应过程中能够抑制加氢反应的进行，进而促进链增长反应和氢抽离反应。换句话说，锰助剂的引入不仅提高了 C_{5+} 碳氢化合物的选择性，也增加了烯烃与烷烃的质量比，同时还能够降低甲烷的选择性。

图 7.10(c) 和表 7.2 为催化剂在费托条件下反应 24h 的产物分布情况。如表 7.2 所示，与 Mn-free 催化剂相比，Mn-9 催化剂和 Mn-10 催化剂给出了较高的烯烃与烷烃的质量比，这也就意味着锰助剂的引入能够提高烯烃的选择性，可能是因为锰助剂的存在能够促进反应朝着 β-氢抽离生成烯烃方向进行的缘故。另外，对于 Mn-9 催化剂和 Mn-10 催化剂而言生成副产物

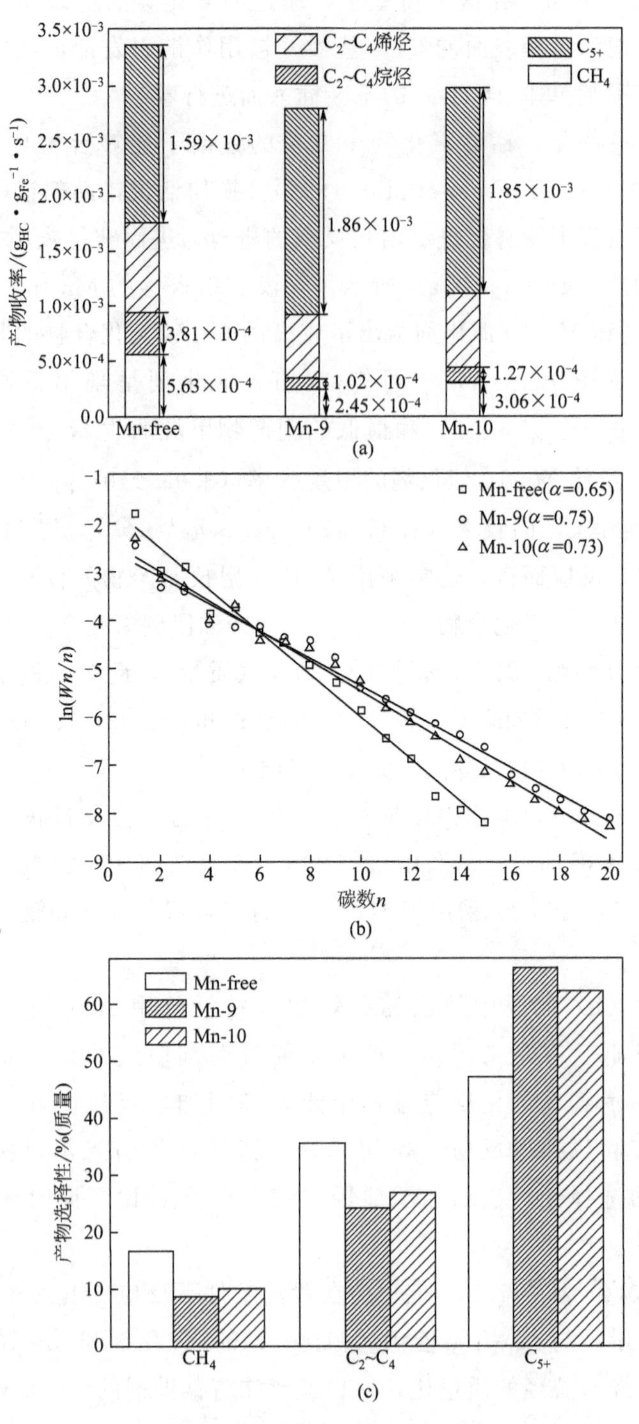

图 7.10　费托反应 24h 的催化剂的比产物收率（a）、ASF 曲线（b）和产物分布（c）

甲烷和 C_2～C_4 烷烃的反应被抑制，但是 C_{5+} 碳氢化合物的选择性得到了显著提高［图 7.10(c) 和表 7.2］。

从表 7.1 可知，引入锰助剂的过程中同时也引入了微量的钾元素；众所周知，在费托反应中钾也可以作为助剂用于提高催化剂的性能。因此，为了进一步证明在费托反应中促进链增长的是助剂锰而不是钾，本章中把无水乙酸钠换成了无水乙酸钾用来制备三氧化二铁纺锤形结构，所获得的产物被命名为 Mn-free-K。表 7.2 列出了采用此种催化剂费托反应 24h 的催化性能。需要特别指出的是，由于本章中使用的所有化学试剂均没有提纯，因此从 Mn-free 催化剂中也探测出了痕量的钾杂质（表 7.1）。对比表 7.2 给出的催化剂的催化性能可知，与 Mn-free 催化剂相比，引入微量的钾元素的 Mn-free-K 催化剂 C_{5+} 的选择性没有明显的提高；也就是说促进 Mn-9 催化剂和 Mn-10 催化剂在费托反应中 C_{5+} 碳氢化合物选择性提高的是助剂锰而不是钾。

表 7.2　催化剂在费托条件下反应 24h 的催化性能

催化性能		Mn-free	Mn-9	Mn-10	Mn-free-K
CO 转化率/%		98.9	86.0	89.9	98.5
CO_2 选择性/%		43.9	40.5	41.8	50.4
质量平衡/%		98.3	97.6	97.2	98.6
产物选择性/%(质量)	CH_4	16.8	8.9	10.3	20.6
	C_2～C_4	35.8	24.5	27.1	34.1
	C_{5+}	47.4	66.6	62.6	45.3
烯烃/烷烃质量比	C_2～C_4	2.17	5.62	5.45	2.75
	C_{5+}	1.96	2.28	2.82	1.87

此外，图 7.5(b) 和表 7.3 给出的结果表明助剂锰的引入能够增强一氧化碳的解离能力并增加铁的分散度。但是，根据一氧化碳吸附量计算得出的还原后催化剂的转换频率（TOF）可知，Mn-9 催化剂和 Mn-10 催化剂的 TOF 值比 Mn-free 催化剂的低（表 7.3）。可能是因为助剂锰的引入延长了 CH_x 基团在催化剂表面的停留时间，进而促进链增长反应获得了高选择性的 C_{5+} 碳氢化合物［图 7.10(c) 和表 7.2］。同时由于锰助剂能够接受来自于氢的电子，因此抑制了费托反应中加氢反应的进行［图 7.5(a)］。

表 7.3 还原后催化剂的转换频率

催化剂	CO 化学吸附量 /(μmol/g_{cat})①	Fe 分散度 /%②	CO 反应速率 /[μmol/(g_{cat} · s)]③	TOF /($10^{-3}s^{-1}$)④
Mn-free	470	7.8	13.2	14.0
Mn-9	660	12.3	11.5	8.7
Mn-10	540	10.3	12.0	11.1

① 依据 CO-TPD 测试计算。

② 分散度＝2×CO 化学吸附量/Fe 原子数。

③ 反应条件：空速＝$3000mL^{-1} \cdot g^{-1} \cdot h^{-1}$，反应时间＝24h。

④ TOF＝CO 反应速率/(2×CO 化学吸附量)。

如表 7.2 所示，Mn-free 催化剂费托反应 24h 的 C_{5+} 碳氢化合物的选择性为 47.4%（质量），副产物甲烷的选择性为 16.8%（质量）；此时 C_2～C_4 阶段烯烃与烷烃的质量比为 2.17。引入锰助剂以后甲烷的选择性有所降低，Mn-9 催化剂和 Mn-10 催化剂费托反应 24h 的 CH_4 选择性分别为 8.9%（质量）和 10.3%（质量），C_2～C_4 阶段烯烃与烷烃的质量比也被提高至 5.62 和 5.45，相应的 C_{5+} 碳氢化合物的选择性分别为 66.6%（质量）和 62.6%（质量）。这个结果比文章中报道的碳纳米管支撑的最优的 $Fe_{2.5}Mn_{0.5}O_4$ 催化剂在费托反应中获取的 C_{5+} 碳氢化合物 [56.1%（质量）]的选择性还要高（Xu et al.，2013）。

研究中把本章中制备的锰为助剂的核壳结构催化剂与本书第 2 章中提及的 Fe/Mn 催化剂的催化性能进行了比较（Zhang et al.，2015）。需要说明的是所有的费托合成反应均是在相同的固定床反应器和相同的反应条件下进行的。本书第 2 章中提及的 Fe/Mn 催化剂费托反应 24h 的 CO 转换率仅为 37.4%（质量），C_{5+} 碳氢化合物的选择性为 42.9%（质量）。第 2 章中已经分析得出由于铁锰尖晶石氧化物的生成导致 Fe/Mn 催化剂在费托反应中呈现出低的 CO 转化率，主要是因为铁锰尖晶石氧化物的存在不利于一氧化碳的解离和链增长反应的进行（Zhang et al.，2015）。这一结果进一步证明了 Mn^{2+} 能够活化 C—O 键，支持 CH_2 单体的插入，进而促进链增长反应获取高选择性的 C_{5+} 碳氢化合物。实验结果与通过 CO-TPD [图 7.5(b)] 测试推断出的结果一致。

7.5 性能概述

本研究采用水热法合成了具有纺锤形结构的 Fe_2O_3。并从其高分辨

TEM 照片中发现包裹在纺锤形结构外面的碳膜，可归因于聚乙烯吡咯烷酮的选择性吸附作用。特别地，聚乙烯吡咯烷酮为非离子型表面活性剂，纺锤形结构表面的碳层可被视为诱导二氧化锰向赤铁矿表面迁移吸附的反应界面。更重要的是，该碳层能够有效地阻碍 Fe_2O_3 和 MnO_2 之间的相互作用，进而有效避免了铁锰尖晶石氧化物的形成。TEM 照片结合 XRD 和 XPS 图谱证实了所制备的材料为 Fe_2O_3@MnO_2 核壳结构。

通过还原后的催化剂的 H_2-TPD 测试可知，锰的引入能够促进 H_2 的吸收。但是由于锰的引入增加了 H_2 的脱附温度，表明锰的引入可能会抑制催化剂在费托反应中的加氢反应。研究 CO-TPD 曲线发现，锰的引入增强了 Fe—C 键的强度并增加了活性位的数目，并且助剂锰的引入使得解离后的 C 和 O 很难再重新组合形成一氧化碳，预示着助剂锰有利于促进铁基催化剂在费托反应中的 C—O 键的解离，支持 CH_2 单体的插入，进而促进链增长反应的进行。此外，锰助剂可以用作氧的载体，在费托反应中一氧化碳中的氧可以与被部分还原的锰的氧化物进行键合，进而增强了一氧化碳的解离能力并提高了催化活性。

通过比较 Mn-free 催化剂和 Mn-9 及 Mn-10 催化剂费托反应后的催化性能发现，锰助剂的引入能够提高烯烃和 C_{5+} 碳氢化合物的选择性，进而证明锰助剂的存在能够促进反应朝着 β-氢抽离生成烯烃的方向及链增长的方向进行。实验结果与通过 H_2-TPD 和 CO-TPD 测试推测出的结果一致。通过获取的还原后催化剂的转换频率进一步证明了锰的引入能够促进链增长反应获得高选择性的 C_{5+} 碳氢化合物，这主要是因为锰的引入延长了 CH_x 基团在催化剂表面的停留时间。费托反应 24h 时，Mn-free 催化剂的 CH_4 和 C_{5+} 碳氢化合物的选择性分别为 16.8%（质量）和 47.4%（质量）。Mn-9 和 Mn-10 催化剂上的 CH_4 选择性分别为 8.9%（质量）和 10.3%（质量），C_{5+} 碳氢化合物的选择性分别为 66.6%（质量）和 62.6%（质量）。这个结果高于文献中报道的以碳纳米管为载体的 $Fe_{2.5}Mn_{0.5}O_4$ 费托反应催化剂的 C_{5+} 碳氢化合物选择性。此种核壳结构催化剂的制备为提高费托反应中 C_{5+} 碳氢化合物的选择性而引入过渡金属氧化物为助剂的铁基催化剂的合成提供了一个可行方法。

第8章 $Fe_2O_3@SiO_2@MnO_2$ 双壳催化剂的制备及费托性能

8.1 $Fe_2O_3@SiO_2@MnO_2$ 双壳催化剂的制备

$Fe_2O_3@SiO_2@MnO_2$ 双壳催化剂的制备包括三个环节：①采用水热法制备 Fe_2O_3 催化剂；②以第一步制备的 Fe_2O_3 为核，采用 Stöber 法包覆 SiO_2，制备 $Fe_2O_3@SiO_2$ 核壳结构催化剂；③以第二步制备的 $Fe_2O_3@SiO_2$ 为核，采用水热法制备 $Fe_2O_3@SiO_2@MnO_2$ 双壳催化剂。

8.1.1 Fe_2O_3 催化剂的制备

采用水热法制备纺锤形 Fe_2O_3 催化剂，具体制备过程如下：2.0g $FeCl_3 \cdot 6H_2O$ 溶解于 30mL 去离子水中，随后加入 2.0g 无水乙酸钠，完全溶解后，往上述混合溶液中加入 1.0g 十六烷基三甲基溴化铵（CTAB），随后加入 7.0mL 乙二胺溶液，把上述混合溶液搅拌 15min 后，倒入 100mL 聚四氟反应釜中密封，随后置于 200℃烘箱中反应 10h。反应结束后，样品用去离子水洗涤 3～4 次，烘干备用。

8.1.2 $Fe_2O_3@SiO_2$ 核壳催化剂的制备

采用 Stöber 法对 7.1.1 制备的 Fe_2O_3 催化剂进行 SiO_2 壳层的包覆。具体制备过程如下：0.5g 7.1.1 制备的 Fe_2O_3 粉末超声溶解于 300mL 无水乙醇中，随后加入 1.0mL 正硅酸四乙酯（TEOS），上述混合溶液在室温下搅拌 3h 后，加入 5.0mL 氨水和 2.0mL 去离子水，搅拌 4h 后，用无水乙醇洗涤 3～4 次，烘干备用。

8.1.3　Fe_2O_3@SiO_2@MnO_2 双壳催化剂的制备

采用水热法对 Fe_2O_3@SiO_2@MnO_2 催化剂进行 MnO_2 的包覆。具体制备过程如下：0.5g Fe_2O_3@SiO_2 粉末超声溶解于 40mL 去离子水中，随后加入 0.5g 高锰酸钾（$KMnO_4$），在室温下搅拌 1h 后，加入 1.0mL 冰醋酸，将上述混合溶液搅拌 30min 后，倒入 100mL 聚四氟反应釜中密封，随后置于 100℃烘箱中反应 10h。反应结束后，样品用去离子水洗涤 3～4 次，烘干备用。

8.1.4　催化剂的还原

分别称取 1.0g 上述干燥后的 Fe_2O_3、Fe_2O_3@SiO_2、Fe_2O_3@SiO_2@MnO_2 催化剂，与石英砂以 1∶1 的比例混合后，分别置于固定床反应器中，在 300℃下，用 $H_2/CO=1$ 的合成气还原 12h。还原后获得的催化剂在本章节中被命名为 Fe、FeSi、FeSiMn 催化剂。

8.2　双壳催化剂的形貌和结构特征

采用 X-射线衍射对上述制备的 Fe、FeSi、FeSiMn 催化剂进行晶体结构分析，如图 8.1 所示。从图 8.1 所示的 XRD 图谱可知，Fe 催化剂的衍射峰与标

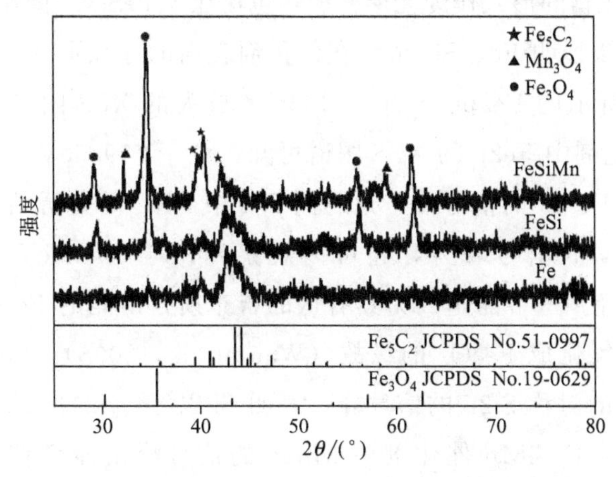

图 8.1　Fe、FeSi 和 FeSiMn 催化剂的 XRD 图谱

准卡片 51-0997 的 Fe_2C_5 的衍射峰相匹配。与 Fe 催化剂相比，在 FeSi 催化剂的 XRD 衍射图谱上探测出了除 FeC_x 相外的 Fe_3O_4 的相（卡片号：19-0629）。从 XRD 衍射图谱的分析结果可知，SiO_2 壳层的引入在一定程度上阻碍了 Fe_3O_4 向 Fe_2C_5 相的转变。这主要是因为，用合成气在 300℃ 条件下还原 Fe_2O_3@SiO_2 的过程中在 SiO_2 上形成了缺陷（Prins et al.，2012），此种缺陷的产生利于接收来自 CO 解离后的 C 原子，进而抑制了 Fe_3O_4（Fe_2O_3@SiO_2 催化剂中的核首先被合成气还原成 Fe_3O_4）被碳化成活性 FeC_x 相的速率。

除了 Fe_3O_4 向 FeC_x 相，从 FeSiMn 催化剂的 XRD 衍射图谱上观察到明显的 Mn_3O_4 相的衍射峰，进而表明助剂 Mn 作为壳层被成功地引入到了 FeSiMn 催化剂当中。最重要的是，并没有从 XRD 衍射图谱中观察到 Fe-Mn 尖晶石氧化物的峰，这意味着 Mn 的引入并没有取代 Fe_3O_4 中八面体的位置形成尖晶石化合物。

为了探究 Fe、FeSi、FeSiMn 三种催化剂的表面化学状态，给出了如图 8.2 所示的 X-射线光电子能谱（XPS）。从图 8.2(a) 所示的三种催化剂的全谱图可知，Fe 催化剂的 XPS 图谱呈现出了 C1s、O1s 和 Fe2p 三种信号峰。相比之下，FeSi 催化剂的 XPS 全谱图上呈现出的 Fe2p 信号峰较弱，XPS 主要用于表面化学状态的测试手段，从而间接证明 SiO_2 作为壳层被成功引入到了催化剂的表面，如图 8.2(a) 所示，从 FeSi 催化剂的 XPS 图谱上观察到了明显的 Si2p 的信号峰。

与 FeSi 催化剂相比，从 FeSiMn 催化剂的 XPS 全谱图上并没有观察到明显的 Si2p 的信号峰，但是谱图上呈现出了较强的 Mn2p 的信号峰，结果表明助剂 Mn 以氧化物的形式作为壳层被成功包覆在了 FeSiMn 催化剂表面。

为了进一步证明 Fe、Si、Mn 在催化剂表面的存在形式，研究中给出了如图 8.2(b) 所示的 Fe2p、Si2p、Mn2p 的放大的 XPS 图谱。从图 8.2(b) 所示的 Fe 催化剂中 Fe2p 的 XPS 图谱可知，位于 719.5eV 和 706.4eV 的能带结构归因于 Fe_5C_2 的信号峰，这与图 8.1 中 XRD 的分析结果相吻合。

除了 Fe_5C_2 的信号峰外，还可以观察到位于 709.6eV 和 723.5eV 的 Fe_3O_4 的信号峰。这可能是因为具有低的吉布斯自由能的 Fe_5C_2 在测试样品制作过程中被氧化成 Fe_3O_4 的缘故（Wan et al.，2008）。FeSi 催化剂中位于 103.4eV 处的对称 Si2p 的信号峰，表明 Si 以 SiO_2 的形式存在于 FeSi 催化剂中。此外，FeSiMn 催化剂中 Mn2p 的信号峰由能带位于 640.8eV 和 652.6eV 的两个特征峰组成，这两个峰的位置均可归因于 Mn_3O_4 的信号峰，

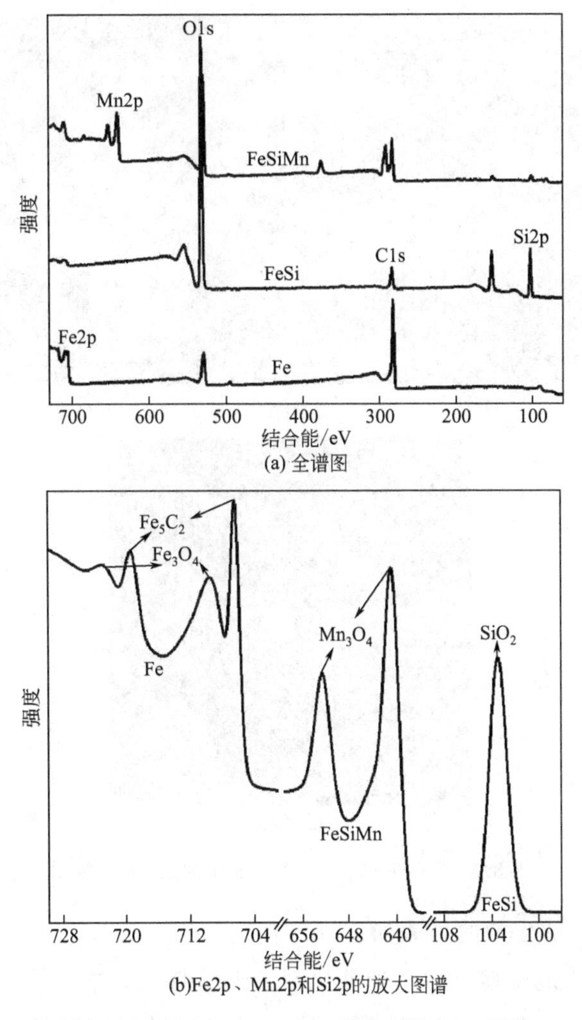

图 8.2　Fe、FeSi、FeSiMn 催化剂的 XPS 图谱

这意味着助剂 Mn 以氧化物的形式存在于 FeMnSi 催化剂中，上述分析与图 8.1 所示的 XRD 结果一致。

图 8.3 给出了 Fe、FeSi 和 FeSiMn 三种催化剂的 SEM 照片。如图 8.3(a) 所示，Fe 催化剂是由小颗粒自组装而成的异质纺锤形结构，单个纺锤形的平均长度和宽度分别为 720nm 和 250nm。与 Fe 催化剂的 SEM 照片相比，FeSi 催化剂呈现出较光滑的表面，结合前面的 XRD 和 XPS 分析可知，SiO_2 作为壳层被成功包覆在 FeSi 催化剂表面。图 8.3(c) 为 FeSiMn 催化剂的 SEM 照片，与 FeSi 催化剂相比，FeSiMn 催化剂表面附着着很多纳米颗粒，结合前面的 XRD 和 XPS 分析可知，Mn 以 Mn_3O_4 的形式作为壳层被

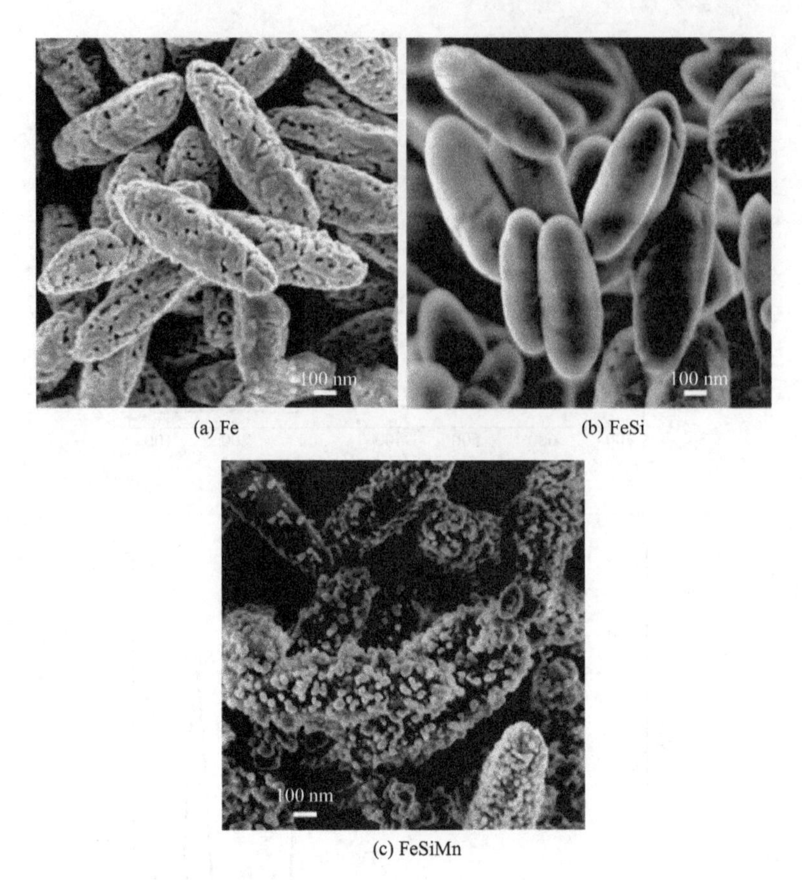

(a) Fe (b) FeSi

(c) FeSiMn

图 8.3 Fe、FeSi、FeSiMn 催化剂的 SEM 照片

固定在 FeSiMn 催化剂的外表面。

为了更清楚地观察上述三种催化剂的形貌特点，本书给出了如图 8.4 所示的 TEM 照片。从图 8.4(a) 所示的 Fe 催化剂的 TEM 照片可知，单个纺锤形催化剂是由多个 Fe_5C_2 颗粒自组装而成的。值得注意的是，Fe 催化剂为多孔结构，孔是由邻近的 Fe_5C_2 颗粒自组装过程中形成的间隙孔。此外，从图 8.4(a) 中可以观察到 Fe_5C_2 纺锤形结构外面包裹着厚度为 8nm 的碳层，这与图 8.2(a) 中 Fe 催化剂的 XPS 图谱中所检测出的 C1s 信号峰相吻合。图 8.2(a) 和图 8.4(a) 中所检测到的 Fe 催化剂中的 C 相来自由阳离子表面活性剂 CTAB，在水热反应过程中它将以无定型碳的形式包裹在纺锤形结构的外面。图 8.4(b) 为 FeSi 催化剂的 TEM 照片，从图中可知厚度为 25nm 的 SiO_2 壳层均匀包覆在纺锤形核的外表面。

本书中设计包覆的 SiO_2 壳层可作为阻碍活性金属氧化物与助剂 Mn 发生相互作用的中间层，起到阻碍 Fe-Mn 尖晶石氧化物形成的目的。从图 8.4

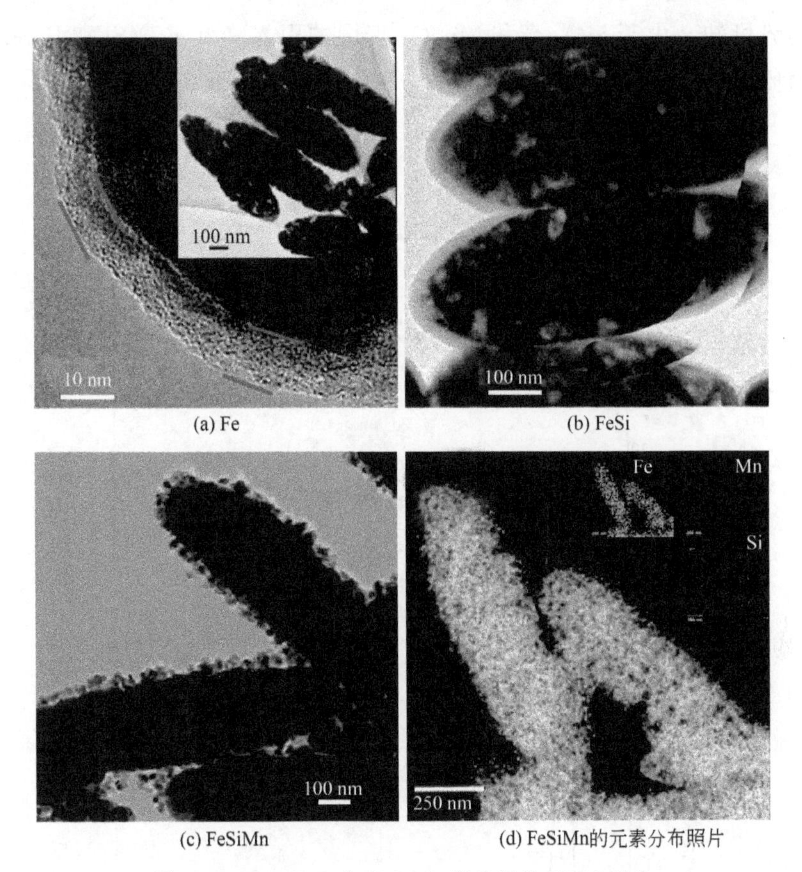

(a) Fe　(b) FeSi

(c) FeSiMn　(d) FeSiMn的元素分布照片

图 8.4　Fe、FeSi 和 FeSiMn 催化剂的 TEM 照片

(c) 所示的 FeSiMn 催化剂的 TEM 照片可知，Mn_3O_4 纳米颗粒分散在纺锤形结构的外表面，从 FeSiMn 催化剂的元素分析照片［图 8.4(d)］可知，Fe、Si、Mn 元素以核、壳、壳的存在方式均匀分布并组成 FeSiMn 双壳催化剂。经过上述分析可知，SiO_2 和 Mn_3O_4 作为双壳层组成了 FeSiMn 催化剂的双壳层，这与图 8.3(c) 中关于 FeSiMn 催化剂的 SEM 分析结果一致。据我们所知，之前并没有文献中提及关于 SiO_2@Mn_3O_4 包覆的铁基催化剂在费托合成反应中的应用。

由图 8.4 所示的催化剂的 TEM 照片可知，本书中所合成的催化剂为多孔材料。为了进一步证实并计算本研究中所用催化剂的孔尺寸情况，研究中采用 N_2 吸脱附测试，给出了如图 8.5(a) 所示的 N_2 吸脱附等温线和如图 8.5(b) 所示的孔尺寸分布曲线，相应的测试结果如表 8.1 所示。从表 8.1 所示的比表面积数据可是，三种催化剂的比表面积从高到低依次为：Fe ($12.8m^2/g$)，FeSi ($11.9m^2/g$)，FeSiMn ($10.2m^2/g$)。从催化剂的比表面变化趋势可知，由于 SiO_2 壳和 Mn_3O_4 壳层的引入降低了 FeSi 和 FeSiMn 催化剂的比表面积。

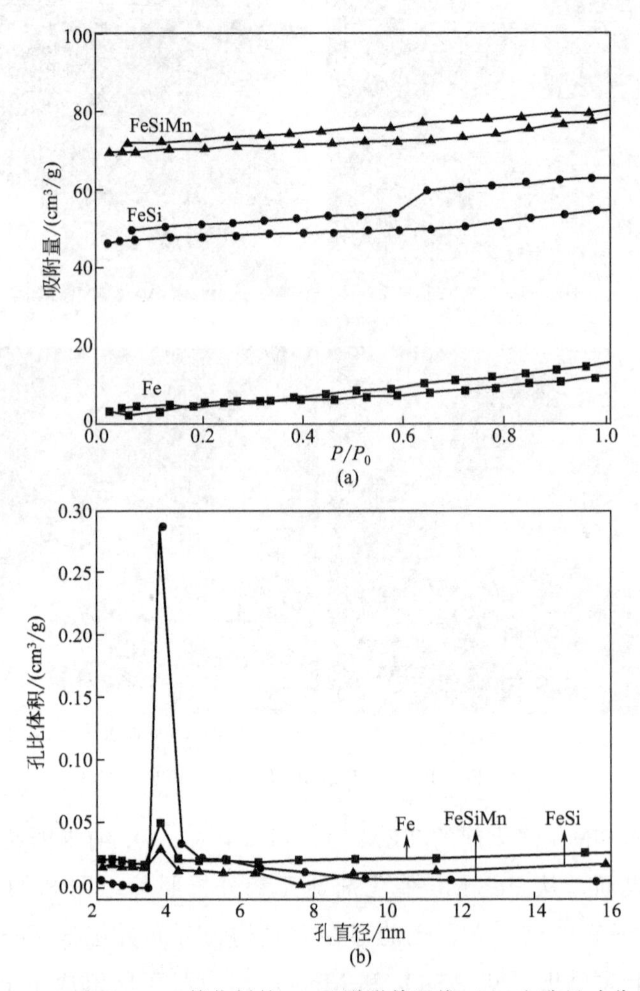

图 8.5　Fe、FeSi 和 FeSiMn 催化剂的 N_2 吸脱附等温线（a）和孔尺寸分布曲线（b）

表 8.1　Fe、FeSi 和 FeSiMn 催化剂的性能

催化剂	比表面积 /(m^2/g)	平均孔直径① /nm	H_2 吸附量② ($mmol_{H_2} \cdot g_{Fe}^{-1}$)	CO 吸附量③ /($\mu mol_{CO} \cdot g_{cat}^{-1}$)
Fe	12.8	3.75	0.43	130.7
FeSi	11.9	3.82	1.70	311.6
FeSiMn	10.2	3.73	2.73	347.2

① 根据 BET 和 BJH 方法计算；

② 根据 H_2-TPD 测试计算；

③ 根据 CO-TPD 测试计算。

从图 8.5(b) 所示的孔尺寸分布曲线可知，Fe、FeSi 和 FeSiMn 催化剂的平均孔尺寸分别为 3.7nm、3.8nm 和 3.7nm。结果表明本研究中所制备的三种催化剂均为介孔材料，SiO_2 壳和 Mn_3O_4 壳层的包覆并没有覆盖催化剂的孔结构。

8.3 催化剂与 CO 和 H_2 的作用机理

为了探究本书中所制备的催化剂在费托反应过程中对 H_2 的吸附行为，研究分别把活化后的 Fe、FeSi 和 FeSiMn 催化剂置于 TPD 测试装置中，通过让其在 150℃下吸附 H_2，在程序加热升温下，通过稳定流速的 He 气，使得吸附在催化剂表面上的 H_2 在一定温度脱附出来，随着温度的升高，脱附经过最高值后而脱附完毕，最终得到如图 8.6(a) 所示的 H_2-TPD 曲线。

从表 8.1 计算得出的数据可知，FeSi 催化剂的 H_2 吸附量为 $1.7mmol_{H_2} \cdot g_{Fe}^{-1}$，比 Fe 催化剂的 $0.43mmol_{H_2} \cdot g_{Fe}^{-1}$ 高出近 4 倍，这主要是因为在 H_2 的吸脱附过程中 H 原子从活性相表面转移至 SiO_2 表面的缘故。虽然 H 原子不能直接与具有饱和化学键的 SiO_2 表面原子相结合，但是经过 300℃合成气还原处理 12h 后，硅壳表面存在缺陷，缺陷位置的存在利于接收来自于活性相的 H 原子（Prins et al.，2012）。当还原金属氧化物 MnO_x 存在时，H 原子将会从活性相表面转移至助剂 Mn 表面，促进 H_2 的化学吸附，进而使得 FeSiMn 催化剂的 H_2 吸附量高于 FeSi 催化剂（表 8.1）。

由于助剂 Mn 的存在，在费托反应过程中解离的 H 与 C 结合形成 CH_x 中间体，使得 H 与 C 的结合变弱（Li et al.，2012），不利于 CH_x 加氢反应的进行，促进链增长反应生成 C_{5+} 碳氢化合物（Cheng et al.，2015，Ahn et al.，2016）。也就是说，助剂 Mn 的引入能够在一定程度上改变产物的选择性，促进反应朝着目标产物的方向移动。

CO 在催化剂表面的吸附和解离是费托合成反应的关键（Keyvanloo et al.，2014）。为了研究 SiO_2 壳和 Mn 助剂在费托反应中的吸脱附行为，研究中分别把活化后的 Fe、FeSi 和 FeSiMn 催化剂置于 TPD 测试装置中，通过让其在 150℃下吸附 CO，在程序加热升温下，通过稳定流速的 He 气，使得吸附在催化剂表面上的 H_2 在一定温度脱附出来。随着温度的升高，脱附经过最高值后而脱附完毕，最终得到如图 8.6(b) 所示的 CO-TPD 曲线。

图中所示的主峰是由于CO脱附后解离的C和O重新组合形成CO在催化剂表面脱附形成的峰。由于 SiO_2 壳的引入CO的脱附温度从556℃升高至637℃，进而提高了活性金属Fe与CO之间的相互作用，如图 8.6(b) 所示。相比于Fe催化剂，FeSi催化剂的CO化学脱附量从 $131\mu mol_{CO}\cdot g_{cat}^{-1}$ 提高至 $312\mu mol_{CO}\cdot g_{cat}^{-1}$，表明 SiO_2 壳层的引入促进了CO的吸附。由于助剂Mn壳层的引入，FeSiMn催化剂CO的脱附量，相比于FeSi催化剂的 $312\mu mol_{CO}\cdot g_{cat}^{-1}$，提升至了 $347\mu mol_{CO}\cdot g_{cat}^{-1}$。与此同时，FeSiMn催化剂的CO脱附温度提高至660℃。

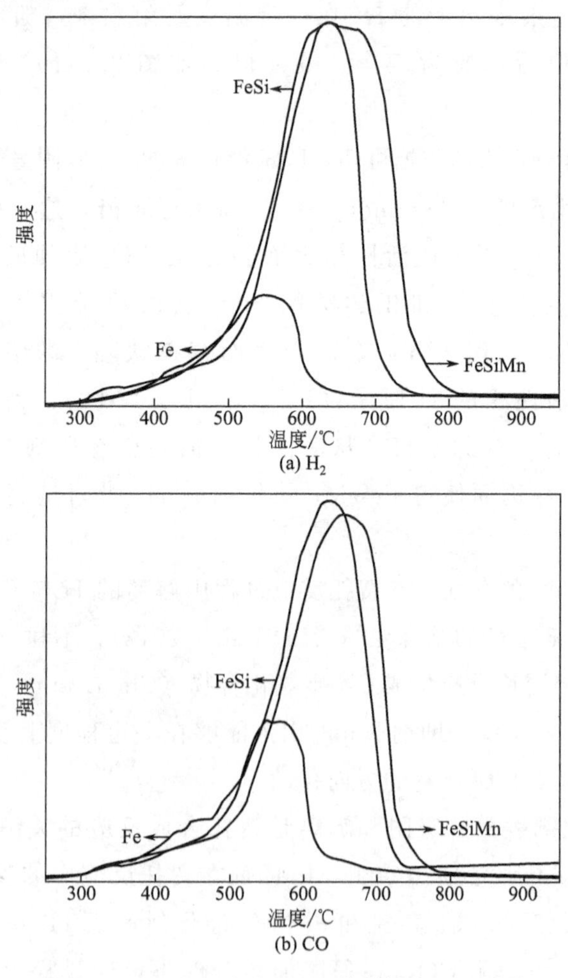

图 8.6　Fe、FeSi 和 FeSiMn 催化剂的 TPD 曲线

在助剂 Mn 存在的条件下，解离后的 C 和 O 很难重组成 CO。在费托反应过程中，从 CO 上解离出的 C 原子与活性金属 Fe 相互作用，与此同时，O 原子与邻近的被部分还原的氧化锰键合，进一步促进 CO 的解离，进而提高 FeSiMn 催化剂在费托反应中的催化活性。

综上所述，本研究中发现，相比于 Fe 和 FeSi 催化剂，助剂 Mn 的引入在一定程度上能够削弱 C—H 和 C—O 键的相互作用，进而利于催化剂在费托反应过程中呈现出较好的 C_{5+} 选择性和费托活性。

8.4　催化剂的费托性能

8.4.1　费托活性

为了探究助剂 Mn 在费托中对催化性能的影响，研究中在 280℃ 和 2MPa 的条件下测试了 FeSiMn 和 FeSi 催化剂的费托性能。本书定义每克铁每秒钟把 CO 分子转变成碳氢化合物的量为铁时间产率（FTY），也就是费托活性。与 FeSi 催化剂相比，FeSiMn 催化剂呈现出较短的诱导期和较高的催化稳定性，如图 8.7（a）所示，也就是说助剂 Mn 的引入提高了催化剂的还原速率和活性金属碳化成活性相的速率（Lohitharn et al.，2008）。这与图 8.6（d）给出的 CO-TPD 分析结果中提及的助剂 Mn 的引入使得 FeSiMn 催化剂呈现出较好的 CO 解离能力相吻合。

表 8.2 给出了催化剂费托反应 48h 的催化性能。从表中可知，FeSiMn 催化剂费托反应 48h 的催化活性为 $3.41\times10^{-5}\,mol_{CO}\cdot g_{Fe}^{-1}\cdot s^{-1}$，FeSi 催化剂的催化活性为 $2.77\times10^{-5}\,mol_{CO}\cdot g_{Fe}^{-1}\cdot s^{-1}$，Mn 的引入使得催化活性提高了 20%。FeSiMn 催化剂费托反应 48h 的活性（$3.41\times10^{-5}\,mol_{CO}\cdot g_{Fe}^{-1}\cdot s^{-1}$）比第 7 章中制备的 Mn 促进的 Mn-10 的活性（$2.70\times10^{-5}\,mol_{CO}\cdot g_{Fe}^{-1}\cdot s^{-1}$）高 1.2 倍（Zhang et al.，2016）。第 7 章中设计制备的 Mn-10 催化剂，助剂 Mn 直接包覆在纺锤形催化剂的外面，没有引入 SiO_2 中间壳层，相比于本章节制备 FeSiMn 催化剂，Mn-10 催化剂呈现出较低的催化活性和稳定性。FeSiMn 催化剂呈现出较高的稳定性和催化活性，这归因于 SiO_2 中间壳层的引入在一定程度上促进了活性相的碳化速率。

表 8.2　Fe、FeSi 和 FeSiMn 催化剂费托反应 48h 的催化性能

催化剂	催化活性		产物收率/($10^{-4}g_{HC}\cdot g_{Fe}^{-1}\cdot s^{-1}$)			α②	Fe/%(质量)③
	FTY/($mol_{CO}\cdot g_{Fe}^{-1}\cdot s^{-1}$)	TOF①/s^{-1}	CH_4	$C_2 \sim C_4$	$C_5 \sim C_{18}$		
Fe	2.41×10^{-5}	0.066	5.39	7.68	14.0	0.70	71.7
FeSi	2.77×10^{-5}	0.028	8.76	10.1	12.5	0.67	62.6
FeSiMn	3.41×10^{-5}	0.025	8.41	9.9	20.8	0.76	50.8

① 费托反应 48h 的 TOF 被定义为：每秒钟消耗的 CO 分子的物质的量与/铁原子质量之比。

② α 为链增长因子，根据 ASF 计算。

③ 依据 X-射线荧光光谱（XRF）测试计算。

8.4.2　产物的选择性

产物的选择性是评价费托性能的重要指标之一，图 8.7(b) 给出了催化剂费托反应 48h 的产物选择性和 CO 转化率。从图中可知，FeSi 和 FeSiMn 催化剂呈现出了相近的 CO 转化率，分别为 98.1%和 98.3%，这意味着助剂 Mn 的引入并没有明显的改变 CO 的解离效率。在相近的 CO 转化效率条件下，从图中可见，FeSiMn 催化剂的 C_{5+} 选择性为 53.2%，比 FeSi 催化剂的 39.8%高。这可能是因为助剂 Mn 的引入使得费托反应过程中解离的 H 原子从活性相表面转移至被部分还原的锰的氧化物的表面。

在费托反应过程中，CO 和 H_2 分子在活性相表面发生解离，解离后的 C 和 H 发生键合形成 CH_x 中间体（Zhang et al.，2010）。在没有引入助剂 Mn 的条件下，随后解离的 H 原子直加氢在相同的 C 原子上，进而促进副产物 CH_4 的形成（Lohitharn et al，2008，Zhao et al.，2015）。如图 8.7 (b) 所示，FeSi 催化剂在费托反应过程中获得了较高的 CH_4 和 $C_2 \sim C_4$ 碳氢化合物的选择性。

对于 FeSiMn 催化剂而言，由于助剂 Mn 的引入，在活性相表面解离后的 H 原子，通过多孔 SiO_2 层从活性相的表面转移至被部分还原的锰的氧化的表面。在费托反应过程中，当与部分被还原的锰的氧化物相互作用时，解离的氢原子变成 H^+ 和 e^-，通过电子交换，解离出的电子从 $Mn^{(n-1)+}$ 转移至 Mn^{n+}。与此同时，氢质子与氧离子键合形成水，并留下氧离子空位。除了氢原子外，从 CO 中解离出的氧原子也将迁移至锰氧化物的表面会形成 O^{2-} 和 $2e^+$。$2e^+$ 具有重新氧化 $Mn^{(n-1)+}$ 的能力，O^{2-} 迁移并填充至氧离子留下的空穴中。根据电荷平衡原理，上述所述的还原和在氧化过程将会重复多次发生。上述过程的发生将会在一定程度上促进CO的解离，并削弱H往C上的加氢反应（Lohitharn et al.，2008），进而促进链增长反应获得C_{5+}碳氢化合物。

假定锰的氧化物改性的催化剂具有降低费托反应过程中的加氢能力并加速链增长反应的概率，通过上面的分析可知，助剂Mn的引入降低了催化加氢能力并增强了CO的解离能力，进而提高了FeSiMn催化剂在费托反应过程中的催化活性和C_{5+}碳氢化合物的选择性，如图8.7（b）所示。在本研究综合总的碳氢化合物的收率是指每个碳数的碳氢化合物的收率之和。FeSiMn催化剂与Fe和FeSi催化剂相比具有最高的碳氢化合物的收率

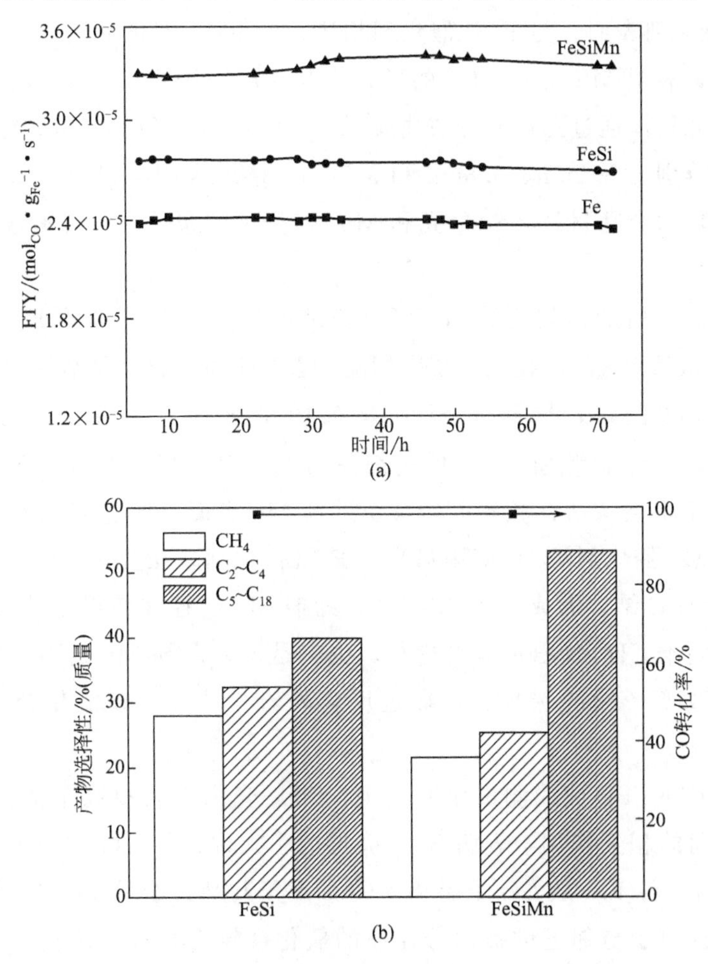

图8.7　Fe、FeSi和FeSiMn催化剂随反应时间变化的FTY曲线（a）和反应48h的产物选择性柱状图（b）

($3.91\times10^{-3}g_{HC}\cdot g_{Fe}^{-1}\cdot s^{-1}$)。Mn 为助剂的 FeSiMn 催化剂费托反应产物中 $C_5\sim C_{18}$ 碳数范围的碳氢化合物的收率为 $20.8\times10^{-4}g_{HC}\cdot g_{Fe}^{-1}\cdot s^{-1}$，比 FeSi 催化剂此范围碳氢化合物的收率（$12.5\times10^{-4}g_{HC}\cdot g_{Fe}^{-1}\cdot s^{-1}$）高出 40%。

8.5 性能概述

本研究采用三步法合成了 Fe_2O_3@SiO_2@MnO_2 双壳结构催化剂，通过 SiO_2 中间壳层的引入可成功避免活性金属与助剂间形成尖晶石氧化物。通过 SEM 和 TEM 照片及 XRD 和 XPS 图谱可知，SiO_2 作为壳层被成功包覆在 FeSi 催化剂表面。与 FeSi 催化剂相比，FeSiMn 催化剂表面附着着很多纳米颗粒，表明 Mn 以 Mn_3O_4 的形式作为壳层被固定在 FeSiMn 催化剂的外表面。此外，通过孔尺寸分布曲线可知，Fe、FeSi 和 FeSiMn 催化剂的平均孔尺寸分别为 3.7nm、3.8nm 和 3.7nm。结果表明本研究中所制备的三种催化剂均为介孔材料，SiO_2 壳和 Mn_3O_4 壳层的包覆并没有覆盖催化剂的孔结构。

通过还原后的催化剂的 H_2-TPD 测试可知，Fe 催化剂的 H_2 化学吸附量 $0.43mmol_{H_2}\cdot g_{Fe}^{-1}$，在 H_2 的吸脱附过程中 H 原子将会从活性相表面转移至 SiO_2 缺陷位置，导致 FeSi 催化剂的呈现出较高的 H_2 吸附量为 $1.7mmol_{H_2}\cdot g_{Fe}^{-1}$，此值比 Fe 催化剂高出近 4 倍。当助剂 Mn 氧化物存在时，H 原子将会从活性相表面转移至助剂 Mn 表面，促进 H_2 的化学吸附，进而 FeSiMn 催化剂的 H_2 吸附量高于 FeSi 催化剂。在费托反应过程中，解离的 H 会与 C 结合形成 CH_x 中间体，助剂 Mn 的存在使得 H 与 C 的结合变弱，不利于 CH_x 加氢反应的进行，也就是说，助剂 Mn 的引入能够在一定程度上改变产物的选择性，促进反应朝着生成 C_{5+} 碳氢化合物的方向移动。

通过 CO-TPD 曲线测试研究发现，SiO_2 壳的引入提高了活性金属 Fe 与 CO 之间的相互作用，表明 SiO_2 壳层的引入促进了 CO 的吸附。在助剂 Mn 存在的条件下，从 CO 上解离出的 C 原子与活性金属 Fe 相互作用，与此同时，O 原子与邻近的被部分还原的氧化锰键合，进一步促进 CO 的解离，进而提高了 FeSiMn 催化剂在费托反应中的催化活性。也就是说，助剂 Mn 的引入在一定程度上能够削弱 C-H 和 C-O 键的相互作用，促进费托反

应过程朝着生成 C_{5+} 碳氢化合物的方向移动。

通过催化剂的费托性能评价可知，费托反应 48h 时，FeSi 和 FeSiMn 催化剂的费托活性分别为 $2.77\times10^{-5}mol_{CO}\cdot g_{Fe}^{-1}\cdot s^{-1}$ 和 $3.41\times10^{-5}mol_{CO}\cdot g_{Fe}^{-1}\cdot s^{-1}$，Mn 的引入使得催化活性提高了 20%。此值比第 7 章中制备的 Mn 促进的 Mn-10 的活性（$2.70\times10^{-5}mol_{CO}\cdot g_{Fe}^{-1}\cdot s^{-1}$）高 1.2 倍，并且由于 SiO_2 中间壳层的引入使得催化稳定性得到改善和提高。此外，助剂 Mn 的引入在一定程度上促进了 CO 的解离，并削弱 H 往 C 上的加氢反应，进而促进链增长反应获得 C_{5+} 碳氢化合物，通过比较催化剂费托反应 48h 的性能发现，Mn 为助剂的 FeSiMn 催化剂 C_{5+} 碳氢化合物的收率为 $20.8\times10^{-4}g_{HC}\cdot g_{Fe}^{-1}\cdot s^{-1}$，比 FeSi 催化剂的 $12.5\times10^{-4}g_{HC}\cdot g_{Fe}^{-1}\cdot s^{-1}$ 高出 40%。

参 考 文 献

[1] 白亮，董根全，曹李仁，相宏伟，李永旺.煤间接液化技术开发现状及工业前景［J］.化工进展，2003，22：441-447.

[2] 程萌，房克功，陈建刚.由亲水和疏水硅胶制备的 $Co/Ru/SiO_2$ 催化剂的表征及催化性能研究［J］.燃料化学学报.2006，34（3）：343-347.

[3] 高海燕，相宏伟，李永旺.助剂在钴基催化剂 F-T 合成重质烃反应中的应用［J］.煤炭转化.2002，25（2）：38-42.

[4] 梁雪莲，董鑫，李𧿹.碳纳米管作为合成气制低碳醇 Co-Cu 催化剂的高效促进剂［J］.厦门大学学报.2005，44（4）：445-449.

[5] 张熠华.费托合成催化剂中各组分相互作用对催化剂性能影响的研究［D］.武汉：中南民族大学，2005.

[6] 周晓峰，陶跃武，翁惠新.费托合成 Co 基催化剂载体的研究进展［J］.化工进展，2008，27：236-240.

[7] Abbaslou RMM，Soltan J，Dalai AK. Effects of nanotubes pore size on the catalytic performances of iron catalysts supported on carbon nanotubes for Fischer-Tropsch synthesis［J］. Applied Catalysis A：General，2010，379（1-2）：129-134.

[8] Abbot J，Clark NJ，Baker BG. Effects of sodium，aluminium and manganese on the Fischer-Tropsch synthesis over alumina-supported iron catalysts［J］. Applied Catalysis，1986，26：141-153.

[9] Airaksinen SMK，Banares MA，Krause AOI. In situ characterisation of carbon-containing species formed on chromia/alumina during propane dehydrogenation［J］. Journal of Catalysis，2005，230：507-513.

[10] Alleman TL，McCormick RL，Vertin K. Assessment of criteria pollutant emissions from liquid fuels derived from natural gas［R］. National Renewable Energy Laboratory，2002，1-26.

[11] An X，Wu BS，Wan HJ，Li TZ，Tao ZC，Xiang HW，Li YW. Comparative study of iron-based Fischer-Tropsch synthesis catalyst promoted with potassium or sodium［J］. Catalysis Communcations，2007，8（12）：1957-1962.

[12] Baltrus JP，Diehl JR，Mcdonald MA，Zarochak MF. Effect of pretreatment on the surface properties if iron Fischer-Tropsch catalysts［J］. Applied Catalysis，1989，48：199-213.

[13] Bao L，Zang J，Li X. Flexible Zn_2SnO_4/MnO_2 core/shell nanocable-carbon microfiber hybrid composites for high-performance supercapacitor electrodes［J］. Nano Letters，2011，11：1215-1220.

[14] Barkhuizen D，Mabaso EI，Viljoen E，Welker C，Claeys M，van Steen E，Fletcher JCQ. Experimental approaches to the preparation of supported metal nanoparticles［J］. Pure and Applied Chemistry，2006，78（9）：1759-1769.

[15] Barneveld WAA，Ponec V. Reactions of CH_xCl_{4-x} with hydrogen：relation to the Fischer-Tropsch synthesis of hydrocarbons［J］. Journal of Catalysis，1984，88：382-387.

[16] Bell AT. Catalytic synthesis of hydrocarbons over group VIII metals. A discussion of the reaction mechanism［J］. Catalysis Reviews：Science and Engineering，1981，23（1-2）：203-232.

[17] Blyholders G. Molecular orbital view of chemisorbed carbon monoxide［J］. Journal of Physical Chem-

istry, 1964, 68 (10): 2772-2777.

[18] Borg Ø, Eri S, Blekkan EA, Storsæter S, Wigum H, Rytter E, Holmen A. Fischer-Tropsch synthesis over γ-alumina-supported cobalt catalysts: effect of support variables [J]. Journal of Catalysis, 2007, 248 (1): 89-100.

[19] Brady Ⅲ RC, Pettit R. Reactions of diazomethane on transition-metal surfaces and their relationship to the mechanism of the Fischer-Tropsch reaction [J]. Journal of the American Chemical Society, 1980, 102 (19): 6181-6182.

[20] Brady Ⅲ RC, Pettit R. On the mechanism of the Fischer-Tropsch reaction the chain propagation step [J]. Journal of the American Chemical Society, 1981, 103: 1287-1289.

[21] Brady Ⅲ RC, Pettit R. Mechanism of the Fischer-Tropsch reaction. The chain propagation step [J]. Journal of the American Chemical Society, 1981, 103 (5): 1287-1289.

[22] Brunner KM, Harper GE, Keyvanloo K, Woodfield BF, Bartholomew CH, Hecker WC. Preparation of an unsupported iron Fischer-Tropsch catalyst by a simple novel solvent-deficient precipitation (SDP) method [J]. Energy Fuels, 2015, 29: 1972-1977.

[23] Bukur D B, Nowicki L, Manne RK, Lang XS. Activation studies with a precipitated iron catalyst for Fischer-Tropsch synthesis Ⅱ reaction studies [J]. Journal of Catalysis, 1995, 155: 366-375.

[24] Cai Q, Li J. Catalytic properties of the Ru promoted Co/SBA-15 catalysts for Fischer-Tropsch synthesis [J]. Catalysis Communications, 2008, 9 (10): 2003-2006.

[25] Calderone VR, Shiju NR, Curulla-Ferré D, Chambrey S, Khodakov A, Rose A, Thiessen J, Jess A, Rothenberg G. De Novo design of Nanostructured iron-cobalt Fischer-Tropsch catalysts [J]. Angewandte Chemie International Edition, 2013, 52 (16): 4397-4401.

[26] Campos A, Lohitharn N, Roy A, Lotero E, Goodwin Jr. JG, Spivey JJ. An activity and XANES study of Mn-promoted, Fe-based Fischer-Tropsch catalysts [J]. Applied Catalysis A: General, 2010, 375 (1): 12-16.

[27] Cano LA, Cagnoli MV, Bengoa JF, Alvarez AM, Marchetti SG. Effect of the activation atmosphere on the activity of Fe catalysts supported on SBA-15 in the Fischer-Tropsch Synthesis. Journal of Catalysis, 2011, 278 (2): 310-320.

[28] Cant NW, Tonner SP, Trimm DL, Wainwright MS. Isotopic labeling studies of the mechanism of dehydrogenation of methanol to methyl formate over copper-based catalysts [J]. Journal of Catalysis, 1985, 91 (2): 197-207.

[29] Cao C, Hu J, Wilcox W. Wang Y. Catal. Today intensified Fischer-Tropsch synthesis process with microchannel catalytic reactors [J]. Catalysis Today, 2009, 140 (3-4): 149-156.

[30] Cárdenas JC, Hernández S, Gudiño-Mares I R, Esparza-Hernández F, Irianda-Araujo CY, Domínguez-Lira LM. Analysis of control properties of thermally coupled distillation sequences for four-component mixtures [J]. Industrial & Engineering Chemistry Research, 1952, 44 (2): 391-397.

[31] Chai B, Wang X, Cheng S, Zhou H, Zhang F. One-pot triethanolamine-assisted hydrothermal synthesis of Ag/ZnO heterostructure microspheres with enhanced photocatalytic activity [J].

Ceramics International, 2014, 40 (1): 429-435.

[32] Chen DH, Cao L, Huang FZ, Imperia P, Cheng YB, Caruso RA. Synthesis of monodisperse mesoporous titania beads with controllable diameter, high surface areas, and variable pore diameters (14-23 nm) [J]. Journal of the American Chemical Society, 2010, 132 (12): 4438-444.

[33] Chen J, Herricks T, Geissler M, Xia Y. Single-crystal nanowires of platinum can be synthesized by controlling the reaction rate of a polyol process [J]. Journal of the American Chemical Society, 2004, 126 (35): 10854-10855.

[34] Chen JS, Zhang Y, Wen X. One-pot synthesis of uniform Fe_3O_4 nanospheres with carbon matrix support for improved lithium storage capabilities [J]. ACS Applied Materials Interfaces, 2011, 3 (9): 3276-3279.

[35] Chen W, Fan ZL, Pan XL, Bao XH. Effect of confinement in carbon nanotubes on the activity of Fischer-Tropsch iron catalysts [J]. Journal of the American Chemical Society, 2008, 130 (29): 9414-9419.

[36] Chiazuan JW. Evidence for alkyl intermediates during Fischer-Tropsch synthesis and their relation to hydrocarbon products [J]. Journal of Catalysis, 1984, 86 (1): 239-244.

[37] Ciobîca IM, Kramer GJ, Ge Q, Neurock M, van Santen RA. Mechanisms for chain growth in Fischer-Tropsch synthesis over Ru (0001) [J]. Journal of Catalysis, 2002, 212 (2): 136-144.

[38] Corma A. From microporous to mesoporous molecular sieve materials and their use in catalysis [J]. Chemical Reviews, 1997, 97 (6): 2373-2419.

[39] Davis BH. Fischer-Tropsch synthesis: comparison of performances of iron and cobalt catalysts [J]. Industrial & Engineering Chemistry Research, 2007, 46 (26): 8938-8945.

[40] Davis BH. Fischer-Tropsch synthesis: current mechanism and futuristic needs [J]. Fuel Processing Technology, 2001, 71 (1-3): 157-166.

[41] Davis BH. Fischer-Tropsch synthesis: overview of reactor development and future potentialities [J]. Topics in Catalysis, 2005, 32 (3-4): 143-168.

[42] de Smit E, Weckhuysen BM. The renaissance of iron-based Fischer-Tropsch synthesis: on the multifaceted catalyst deactivation behaviour [J]. Chemical Society Reviews, 2008, 37 (12): 2758-2781.

[43] Deng H, Li XL, Peng Q, Wang X, Chen JP, Li YD. Monodisperse magnetic single-crystal ferrite microspheres [J]. Angewandte Chemie International Edition, 2005, 44 (18): 2782-2785.

[44] DiGenova KJ, Botros BB, Brisson JG. Method for customizing an organic Rankine cycle to a complex heat source for efficient energy conversion, demonstrated on a Fischer Tropsch plant [J]. Applied Energy, 2013, 102: 746-754.

[45] Ding M, Yang Y, Li Y, Wang T, Ma L, Wu C. Impact of H_2/CO ratios on phase and performance of Mn-modified Fe-based Fischer Tropsch synthesis catalyst [J]. Applied Energy, 2013, 112: 1241-1246.

[46] Ding M, Yang Y, Wu B, Li Y, Wang T, Ma L. Study on reduction and carburization behaviors of iron phases for iron-based Fischer-Tropsch synthesis catalyst [J]. Applied Energy, 2015, 160:

982-989.

[47] Dry ME. Practical and theoretical aspects of the catalytic Fischer-Tropsch process [J]. Applied Catalysis A: General, 1996, 138 (2): 319-344.

[48] Dry ME. The Fischer-Tropsch process: 1950-2000 [J]. Catalysis Today, 2002, 71 (3-4): 227-241.

[49] Dry ME. The Fischer-Tropsch synthesis [J]. Catalysis Science & Technology. 1981, 1: 159-255.

[50] Eidus YT. Russian Chemical Reviews (Engl Transl) 1967, 36: 338-340.

[51] Eilers J, Posthuma SA, Sie ST. The shell middle distillate synthesis process (SMDS) [J]. Catalysis Letters, 1990, 7 (1): 253-269.

[52] Eischens RP, Pliskin WA. The infrared spectra of adsorbed molecules [J]. Advances in Catalysis, 1958, 10: 1-56.

[53] Enger BC, Fossan AL, Borg O, Rytter E, Holmen A. Modified alumina as catalyst support for cobalt in the Fischer-Tropsch synthesis [J]. Journal of Catalysis, 2011, 284 (1): 9-22.

[54] Erley W, McBreen P, Ibach H. Evidence for CH_x surface species after the hydrogenation of CO over an Fe (110) single crystal surface [J]. Journal of Catalysis, 1983, 84 (1): 229-234.

[55] Evans JW, Casey PS, Wainwright MS, Trimm DL, Cant NW. Hydrogenolysis of alkyl formates over a copper chromite catalyst [J]. Applied Catalysis A: General, 1983, 7 (1): 31-41.

[56] Fan T, Pan D, Zhang H. Study on formation mechanism by monitoring the morphology and structure evolution of nearly monodispersed Fe_3O_4 submicroparticles with controlled particle sizes [J]. Industrial and Engineering Chemistry Research, 2011, 50 (15): 9009-9018.

[57] Fischer F, Tropsch H. Die erdolsynthese bei gewohnlichem druck aus den vergasungsproduken der kohle [J]. Brennstoff Chemical, 1926, 7: 97.

[58] Forghani AA, Elekaei H, Rahimpour MR. Enhancement of gasoline production in a novel hydrogen-permselective membrane reactor in Fischer-Tropsch synthesis of GTL technology [J]. International Journal of Hydrogen Energy, 2009, 34 (9): 3965-3976.

[59] Friedel RA, Anderson RB. Composition of synthetic liquid fuels. I. product distribution and analysis of C_5-C_8 paraffin isomers from cobalt catalyst [J]. Journal of the American Chemical Society, 1950, 72 (3): 1212-1215.

[60] Gallegos NG, Alvarez AM, Cagnoli MV, Bengoa JF, Marchetti SG, Mercader RC, Yeramian AA. Selectivity to olefins of Fe/SiO_2-MgO catalysts in the Fischer-Tropsch reaction [J]. Journal of Catalysis, 1996, 161 (1): 132-142.

[61] Galvis HMT, Bitter JH, Davidian T, Ruitenbeek M, Dugulan AI, de Jong KP. Iron particle size effects for direct production of lower olefins from synthesis gas [J]. Journal of the American Chemical Society, 2012, 134 (39): 16207-16215.

[62] Galvis HMT, Bitter JH, Khare CB, Ruitenbeek M, Dugulan AI, de Jong KP. Supported iron nanoparticles as catalysts for sustainable production of lower olefins [J]. Science, 2012, 335 (6070): 835-838.

[63] Gao J, Wu B, Zhou L, Yang Y, Hao X, Xu J, Xu YY, Li Y. Irregularities in product distribution of Fischer-Tropsch synthesis due to experimental artifact [J]. Industrial & Engineering Chemis-

try Research, 2012, 51 (36): 11618-11628.

[64] Greene DL. An assessment of energy and environmental issues related to the use of gas-to-liquid fuels in transportation [R]. Oak Ridge, Tennessee, USA: Oak Ridge National Laboratory, 1999, 258: 1-68.

[65] Guczi L, Stefler G, Geszti O, Koppany Z, Konya Z, Molnar E, Urban M, Kiricsi I. CO hydrogenation over cobalt and iron catalysts supported over multiwall carbon nanotubes: effect of preparation [J]. Journal of Catalysis, 2006, 244: 24-32.

[66] Guettel R, Kunz U, Turek T. Reactors for Fischer-Tropsch synthesis [J]. Chemical Engineering & Technology. 2008, 31 (5): 746-754.

[67] Guettel R, Turek T. Comparison of different reactor types for low temperature Fischer-Tropsch synthesis: a simulation study [J]. Chemical Engineering Science, 2009, 64 (5): 955-964.

[68] Guo D, Xue Z. Synthesis of methane in nanotube channels by a flash [J]. Journal of the American Chemical Society, 2006, 128 (47): 15102-15103.

[69] Guo LF, Wen XG, Yang SH, He L, Zheng WZ, Chen CP, Zhong QP. Uniform magnetic chains of hollow cobalt mesospheres from one-pot synthesis and their assembly in solution [J]. Advanced Functional Materials, 2007, 17 (3): 425-430.

[70] H Treviño, G-D Lei, WMH Sachtler. CO hydrogenation to higher oxygenates over promoted rhodium: nature of the metal-promoter interaction in Rhmn/NaY [J]. Journal of Catalysis, 1995, 154 (2): 245-252.

[71] Hammer B, Morikawa Y, Nørskov JK. CO chemisorption at metal surfaces and overlayers [J]. Physical Review Letters, 1996, 76 (12): 2141-2144.

[72] Hao X, Dong G, Xu Y, Li Y. Coal to liquid (CTL): commercialization prospects in China [J]. Chemical Engineering & Technology, 2007, 30 (9): 1157-1165.

[73] Hayakawa H, Tanaka H, Fujimoto K. Studies on precipitated iron catalysts for Fischer-Tropsch synthesis [J]. Applied Catalysis A: General, 2006, 310 (17): 24-30.

[74] Hoffmann R. A chemical and theoretical way to look at bonding on surfaces [J]. Reviews of Modern Physics, 1998, 60 (3): 601-628.

[75] Hong J, Chernavskii PA, Khodakov AY, Chu W. Effect of promotion with ruthenium on the structure and catalytic performance of mesoporous silica (smaller and larger pore) supported cobalt Fischer-Tropsch catalysts [J]. Catalysis Today, 2009, 140 (3-4): 135-141.

[76] Ichikawa M, Fukushima T. Mechanism of syngas conversion into C_2-oxygenates such as ethanol catalyzed on a SiO_2-supported Rh-Ti catalysts [J]. Journal of the Chemical Society, Chemical Communications, 1985, 321-323.

[77] Iglesia E. Design, synthesis, and use of cobalt-based Fischer-Tropsch synthesis catalysts [J]. Applied Catalysis A: General, 1997, 161 (1-2): 59-78.

[78] Inderwildi OR, Jenkins SJ, King DA. Fischer-Tropsch mechanism revisited: alternative pathways for the production of higher hydrocarbons from synthesis gas [J]. Journal of Physical Chemistry C, 2008, 112 (5): 1305-1307.

[79] Jacobs G, Ribeiro MC, Ma W, Ji Y, Khalid S, Sumodjo PTA, Davis BH. Group 11 (Cu, Ag, Au) promotion of 15% Co/Al_2O_3 Fischer-Tropsch synthesis catalysts [J]. Applied Catalysis A: General, 2009, 361 (1-2): 137-151.

[80] Janbroers S, Louwen JN, Zandbergen HW, Kooyman PJ. Insights into the nature of iron-based Fischer-Tropsch catalysts from quasi in situ TEM-EELS and XRD [J]. Journal of Catalysis, 2009, 268 (2): 235-242.

[81] Jia B, Gao L. Morphological Transformation of Fe_3O_4 spherical aggregates from solid to hollow and their self-assembly under an external magnetic field [J]. Journal of Physical Chemistry C, 2008, 112 (3): 666-671.

[82] Jin Y, Datye AK. Phase transformations in iron Fischer-Tropsch catalysts during temperature-programmed reduction [J]. Journal of Catalysis, 2000, 196 (1): 8-17.

[83] Jones VK, Neubauer LR, Bartholomew CH. Effects of crystallite size and support on the CO hydrogenation activity/selectivlty properties of Fe/Carbon [J]. The Journal of Physical Chemistry 1986, 90 (20): 4832-4839.

[84] Joshua A. Schaidle, Levi T. Thompson. Fischer-Tropsch synthesis over early transition metal carbides and nitrides: CO activation and chain growth [J]. Journal of Catalysis, 2015, 329: 325-334.

[85] Keyvanloo K, Horton JB, Hecker WC, Argyle MD. Effects of preparation variables on an alumina-supported FeCuK Fischer-Tropsch catalyst [J]. Catalysis Science & Technology, 2014, 4: 4289-4300.

[86] Keyvanloo K, Mardkhe MK, Alam TM, Bartholomew CH, Woodfield BF, Hecker WC. Supported iron Fischeri-Tropsch catalyst: Superior activity and stability using a thermally stable silica-doped alumina support [J]. ACS Catal 2014, 4: 1071-1077.

[87] Khodakov AY, Bechara R, Griboval-Constant A. Fischer-Tropsch synthesis over silica supported cobalt catalysts: mesoporous structure versus cobalt surface density [J]. Applied Catalysis A: General, 2003, 254 (2): 273-288.

[88] Khodakov AY, Chu W, Fongarland P. Advances in the development of novel cobalt Fischer-Tropsch catalysts for synthesis of long-chain hydrocarbons and clean fuels [J]. Chemical Reviews, 2007, 107 (5): 1692-1744.

[89] Khodakov AY, Griboval-Constant A, Bechara R, Villain F. Pore-size control of cobalt dispersion and reducibility in mesoporous silicas [J]. Journal of Physical Chemistry B, 2001, 105 (40): 9805-9811.

[90] Khodakov AY, Griboval-Constant A, Bechara R, Zholobeno VL. Pore size effects in Fischer-Tropsch synthesis over cobalt-supported mesoporous silicas [J]. Journal of Catalysis, 2002, 206 (2): 230-241.

[91] Kim DJ, Dunn BC, Huggins F, Huffman GP, King M, Yie JE, Eyring EM. SBA-15-supported iron catalysts for Fischer-Tropsch production of diesel fuel [J]. Energy & Fuels, 2006, 20 (6): 2608-2611.

[92] Knottenbelt C. Mossgas "gas-to-liquid" diesel fuels-an environmentally friendly option [J]. Catalysis

Today, 2002, 71 (3-4), 437-445.

[93] Kong D, Luo J, Wang Y, Ren W, Yu T, Luo Y, Yang Y, Cheng C. Three-dimensional Co_3O_4 @MnO_2 hierarchical nanoneedle arrays: Morphology control and electrochemical energy storage [J]. Advanced Functional Materials, 2014, 24 (24): 3815-3826.

[94] Koster AD, Van Santen RA. Molecular orbital studies of the adsorption of CH_3, CH_2 and CH on Rh (111) and Ni (111) surface [J]. Journal of Catalysis, 1991, 127 (1): 141-166.

[95] Kuivila CS, Stair PC, Butt JB. Compositional aspects of iron Fischer-Tropsch catalysts: An XPS/reaction study [J]. Journal of Catalysis, 1989, 118 (2): 299-311.

[96] Lahtinen J, Vaari J, Kauraala K, Soares EA, Van Hove MA. LEED investigations on Co (0001): the ($\sqrt{3}\times\sqrt{3}$) R30°-CO overlayer [J]. Surface Science, 2000, 448 (2-3): 269-278.

[97] Lalitha K, Reddy JK, Sharma MVP, Kumari VD, Subrahmanyam M. Continuous hydrogen production activity over finely dispersed Ag_2O/TiO_2 catalysts from methanol: water mixtures under solar irradiation: a structure-activity correlation [J]. International Journal of Hydrogen Energy, 2010, 35 (9): 3991-4001.

[98] Leendert BG, Bitter JH, Kuipers HPCE, Oosterbeek H, Holewijin JE, Xu X. Cobalt particle size effects in the Fischer-Tropsch reaction studied with carbon nanofiber supported catalysts [J]. Journal of the American Chemical Society, 2006, 128 (1-2): 3956-3964.

[99] Li H, Bian Z, Zhu J, Zhang D, Li G, Huo Y, Li H, Lu Y. Mesoporous titania spheres with tunable chamber stucture and enhanced photocatalytic activity [J]. Journal of American Chemical Society, 2007, 129 (27): 8406-8407.

[100] Li S, Krishnamoorthy S, Li A, Meitzner GD, Iglesia E. Promoted iron-based catalysts for the Fischer-Tropsch synthesis: Design, synthesis, site densities, and catalytic properties [J]. Journal of Catalysis, 2002, 206 (2): 202-217.

[101] Li SZ, O'Brien RJ, Meitzner GD, Hamdeh H, Davis BH, Iglesia E. Structural analysis of unpromoted Fe-based Fischer-Tropsch catalysts using X-ray absorption spectroscopy [J]. Applied Catalysis A: General, 2001, 219: 215-222.

[102] Li T, Yang Y, Zhang C, An X, Wan H, Tao Z, Xiang H, Li Y, Yi F, Xu B. Effect of manganese on an iron-based Fischer-Tropsch synthesis catalyst prepared from ferrous sulfate [J]. Fuel, 2007, 86 (7-8): 921-928.

[103] Li TZ, Wang HL, Yang Y, Xiang HW, Li YW. Effect of manganese on the catalytic performance of an iron-manganese bimetallic catalyst for light olefin synthesis [J]. Journal of Energy Chemistry, 2013, 22 (4): 624-632.

[104] Li WY, Li G, Sun JQ, Zou RJ, Xu KB, Sun YG, Chen ZG, Yang JM, Hu JQ. Hierarchical heterostructures of MnO_2 nanosheets or nanorods grown on Au-coated Co_3O_4 porous nanowalls for high-performance pseudocapacitance [J]. Nanoscale, 2013, 5: 2901-2908.

[105] Liu F, Hao Q, Wang H, Yang Y, Liang B, Zhu Y, Tian L, Zhang Z, Xiang HW, Li YW. Effect of potassium promoter on reaction performance of iron-based catalyst for Fischer-Tropsch synthesis in slurry reactor [J]. Chinese Journal of Catalysis, 2004, 25 (11): 878-886.

[106] Liu S, Xing R, Lu F, Rana RK, Zhu J-J. One-pot template-free fabrication of hollow magnetite nanospheres and their application as potential drug carriers [J]. Journal of Physical Chemistry C, 2009, 113 (50): 21042-21047.

[107] Liu W, Hu J, Wang Y. Fischer-Tropsch synthesis on ceramic monolith-structured catalysts [J]. Catalysis Today, 2009, 140 (3-4): 142-148.

[108] Liu ZP, Hu P. A new insight into Fischer-Tropsch synthesis [J]. Journal of the American Chemical Society, 2002, 124 (39): 11568-11569.

[109] Cheng J, Gong XQ, Hu P, Lok CM, Ellis P, French S. A quantitative determination of reaction mechanisms from density functional theory calculations: Fischer-Tropsch synthesis on flat and stepped cobalt surfaces [J]. Journal of Catalysis, 2008, 254 (2): 285295.

[110] Lohitharn N, Goodwin JG. Effect of K promotion of Fe and FeMn Fischer-Tropsch synthesis catalysts: analysis at the site level using SSITKA [J]. Journal of Catalysis, 2008, 260 (1): 7-16.

[111] Lohitharn N, Goodwin Jr. JG, Lotero E. Fe-based Fischer-Tropsch synthesis catalysts containing carbide-forming transition metal promoters [J]. Journal of Catalysis, 2008, 255 (1): 104-113.

[112] Lohitharn N, Goodwin, JG. Impact of Cr, Mn and Zr addition on Fe Fischer-Tropsch synthesis catalysis: investigation at the active site level using SSITKA [J]. Journal of Catalysis. 2008, 257 (1), 142-151.

[113] López C, Corma A. Supported iron nanoparticles as catalysts for sustainable production of lower olefins [J]. ChemCatChem, 2012, 4 (6): 751-752.

[114] Lox E S, Marin G B, de Graeve E, Bussière P. Characterization of a promoted precipitated iron catalyst for Fischer-Tropsch synthesis [J]. Applied Catalysis A: General, 1988, 40 (1-2): 197-218.

[115] Lu J, Yang L, Xu B, Wu Q, Zhang D, Yuan S, Zhai Y, Wang X, Fan Y, Hu Z. Promotion effects of nitrogen doping into carbon nanotubes on supported iron Fischer-Tropsch catalysts for lower olefins [J]. ACS Catalysis, 2014 4 (2) 613-621.

[116] Luo M, Davis BH. Fischer-Tropsch synthesis: group II alkali-earth metal promoted catalysts [J]. Applied Catalysis A: General, 2003, 246 (1): 171-181.

[117] Maitlis PM, Quyoum R, Long HC. Towards a chemical understanding of Fischer-Tropsch reaction: alkene formation [J]. Applied Catalysis A: General, 1999, 186 (1-2): 363-374.

[118] Maitlis PM, Zanotti V. The role of electrophilic species in the Fischer-Tropsch reaction [J]. Chemical Communications, 2009, (13): 1619-1634.

[119] Marchetti SG, Cagnoli MV, Alvarez AM, Bengoa JF, Gallegos NG, Yeramin AA, Mercader RC. Iron uniform-size nanoparticles dispersed on MCM-41 used as hydrocarbon synthesis catalyst [J]. Hyperfine Interactions, 2002, 139-140 (1-4): 33-40.

[120] Martínez A, López C, Márquez F, Díaz I. Fischer-Tropsch synthesis of hydrocarbons over mesoporous Co/SBA-15 catalysts: the influence of metal loading, cobalt precursor, and promoters [J]. Journal of Catalysis, 2003, 220 (2): 486-499.

[121] Martínez A, Prieto G. The application of zeolites and periodic mesoporous silicas in the catalytic

conversion of synthesis gas [J]. Topics in Catalysis，2009，52 (1-2)：75-90.

[122] McCue AJ，Anderson JA. Sulfur as a catalyst promoter or selectivity modifier in heterogeneous catalysis [J]. Catalysis Science Technology，2014，4：272-294.

[123] Moller K，Bein T. Inclusion chemistry in periodic mesoporous hosts [J]. Chemical of Materials，1998，10 (10)：2950-2963.

[124] Moussa SO，Panchakarla LS，Ho MQ，El-Shall MS. Graphene-supported，iron-based nanoparticles for catalytic production of liquid hydrocarbons from synthesis gas：the role of the graphene support in comparison with carbon nanotubes [J]. ACS Catalysis，2014，4 (2)：535-545.

[125] MS Dresselhaus，A Jorio，M Hofmann，G. Dresselhaus，R. Saito. Perspectives on carbon nanotubes and graphene Raman spectroscopy [J]. Nano Letters，2010，10 (3)：751-758.

[126] Mueller LL，Griffin GL. Formaldehyde conversion to methanol and methyl formate on copper/zinc oxide catalysts [J]. Journal of Catalysis，1987，105 (2)：352-358.

[127] Ngantsoue-Hoc W，Zhang Y，O'Brien RJ，Luo M，Davis BH. Fischer-Tropsch synthesis：activity and selectivity for Group I alkali promoted iron-based catalysts [J]. Applied Catalysis A：General. 2002，236 (1-2)：77-89.

[128] Niemantsverdriet JW，Van der Kraan AM. On the time-dependent behavior of iron catalysts in Fischer-Tropsch synthesis [J]. Journal of Catalysis，1981，72 (2)：385-388.

[129] Nunan JG，Bogdan CE，Klier K，Smith KJ，Young C-W，Herman RG. Methanol and C_2 oxygenate synthesis over cesium doped CuZnO and $Cu/ZnO/Al_2O_3$ catalysts：A study of selectivity and ^{13}C incorporation patterns [J]. Journal of Catalysis，1988，113 (2)：410-433.

[130] O'Brien R J，Xu L G，Spicer R L，Davis B H. Activation study of precipitated iron Fischer-Tropsch catalysts [J]. Energy Fuels，1996，10 (4)：921-926.

[131] Panpranot J，Goodwin JG，Sayari JrA. CO hydrogenation on Ru-promoted Co/MCM-41 catalysts [J]. Journal of Catalysis，2002，211 (2)：530-539.

[132] Panpranot J，Goodwin Jr JG，Sayari A. Synthesis and characteristics of MCM-41 supported CoRu catalysts [J]. Catalysis Today，2002，77 (3)：269-284.

[133] Park JC，Yeo SC，Chun DH，Lim JT，Yang J.-Il，Lee H-T，Hong S，Lee HM，Kim CS，Jung H. Highly activated K-doped iron carbide nanocatalysts designed by computational simulation for Fischer-Tropsch synthesis [J]. Journal of Materials Chemistry A，2014，2 (35)：14371-14379.

[134] Pendyala VRR，Graham UM，Jacobs G，Hamdeh HH，Davis BH. Fischer-Tropsch synthesis：deactivation as a function of potassium promoter loading for precipitated iron catalyst [J]. Catalysis Letters，2014，144 (10)：1704-1716.

[135] Pendyala VRR，Graham UM，Jacobs G，Hamdeh HH，Davis BH. Fischer-Tropsch synthesis：morphology phase transformation and carbon-layer growth of iron-based catalysts [J]. ChemCatChem，2014，6 (7)：1952-1960.

[136] Peng S，Sun S. Synthesis and Characterization of Monodisperse Hollow Fe_3O_4 Nanoparticles [J]. Angewandte Chemie International Edition，2007，46 (22)：4155-4158.

[137] Pol VG，Grisaru H，Gedanken A. Coating Noble Metal Nanocrystals (Ag，Au，Pd，and Pt) on

polystyrene spheres via ultrasound irradiation [J]. Langmuir, 2005, 21 (8): 3635-3640.

[138] Rahimpour MR, Bahmanpour AM. Optimization of hydrogen production via coupling of the Fischer-Tropsch synthesis reaction and dehydrogenation of cyclohexane in GTL technology [J]. Applied Energy, 2011, 88: 2027-2036.

[139] Rao KPPM, Huggins FE, Huffman GP, Gormley RJ, Obrien RJ, Davis BH. Mössbauer study of iron Fischer-Tropsch catalysts during activation and synthesis [J]. Energy&Fuel, 1996, 10: 546-551.

[140] Rao KRPM, Huggins FE, Mahajan V, Huffman GP, Rao VUS, Bhatt BL, Bukur DB, Davis BH, O'Brien RJ. Mössbauer spectroscopy study of iron based catalysts used in Fischer-Tropsch synthesis [J]. Topics in Catalysis, 1995, 2 (1-4): 71-78.

[141] Raupp GB, Delgass WN. Mössbauer investigation of supported Fe catalysts insitu kinetics and spectroscopy during Fischer-Tropsch synthesis catalysts [J]. Journal of Catalysis, 1979, 58: 361-369.

[142] Remans TJ, Jenzer G, Hoek A. Handbook of Heterogeneous Catalysis, (Eds: G. Ertl, H. Knözinger, F. Schüth, J. Weitkamp), Wiley-VCH, Weinheim, 2008, 6: 2994-3010.

[143] Riedel T, Schulz H, Schaub G, Jun KW, Wang JSH, Lee KW. Fischer-Tropsch on iron with H_2/CO and H_2/CO_2 as synthesis gases: the episodes of formation of the Fischer-Tropsch regime and construction of the catalyst [J]. Topics in Catalysis, 2003, 26 (1-4): 41-54.

[144] Rofer-DePoorter CK. A comprehensive mechanism for the Fischer-Tropsch synthesis [J]. Chemical Reviews, 1981, 81 (5): 447-474.

[145] Rohde MP, Unruh D, Schaub G. Membrane application in Fischer-Tropsch synthesis reactors-overview of concepts [J]. Catalysis Today, 2005, 106 (1-4): 143-148.

[146] Roland U, Braunschweig UT, Roessner F. On the nature of spilt-over hydrogen [J]. Journal of Molecular Catalysis A: Chemical, 1997, 127 (1-3): 61-84.

[147] Rostrup-Nielsen JR. Fuels and energy for the future: the role of catalysis [J]. Catalysis Reviews, 2004, 46 (3-4): 247-270.

[148] Sari A, Zamani Y, Taheri SA. Intrinsic kinetics of Fischer-Tropsch reactions over an industrial Co-Ru/gamma-Al_2O_3 catalyst in slurry phase reactor [J]. Fuel Processing Technology, 2009, 90 (10): 1305-1313.

[149] Schmidt W. Solid catalysts on the nanoscale: design of complex morphologies and pore structures [J]. ChemCatChem, 2009, 1 (1): 53-67.

[150] Schulz H. Short history and present trends of Fischer-Tropsch synthesis [J]. Applied Catalysis A: General, 1999, 186 (1-2): 3-12.

[151] Schulz KH, Cox DF. Surface hydride formation on a metal oxide surface: the interaction of atomic hydrogen with Cu_2O (100) [J]. Surface Science, 1992, 278 (1-2): 9-18.

[152] Senden MMG, Punt AD, Hoek A. Calcination of Co-based Fischer-Trosch synthesis catalysts [J]. Studies in Surface Science and Catalysis, 1998, 119: 961-966.

[153] Shetty S, Jansen APJ, van Santen RA. Direct versus hydrogen-assisted CO dissociation [J]. Journal of the American Chemical Society, 2009, 131 (36): 12874-12875.

[154] Shroff MD, Kalakkad DS, Coulter KE, Köhler SD, Harrington MS, Jackson NB, Sault AG, Datye AK. Activation of precipitated iron Fischer-Tropsch synthesis catalysts [J]. Journal of Catalysis, 1995, 156 (2): 185-207.

[155] Sie ST, Krishna R. Fundamentals and selection of advanced Fischer-Tropsch reactors [J]. Applied Catalysis A: General, 1999, 186 (1-2): 55-70.

[156] Smith KJ, Anderson RB. Chain growth scheme for the higher alcohols synthesis [J]. Journal of Catalysis, 1984, 85: 428-436.

[157] Soled SL, Iglesia E, Fiato RA, Baumgartner JE, Vroman H, Miseo S. Control of metal dispersion and structure by changes in the solid-state chemistry of supported cobalt Fischer-Tropsch catalysts [J]. Topics in Catalysis, 2003, 26 (1-4): 101-109.

[158] Soled SL, Iglesia E, Miseo S, Derites BA, Fiato RA. Selective synthesis of alpha-olefins on Fe-Zn Fischer-Tropsch catalysts [J]. Topics in Catalysis, 1995, 2: 193-205.

[159] Srinivas S, Malik R K, Mahajani S M. Fischer-Tropsch synthesis using bio-syngas and CO_2 [J]. Energy for Sustainable Development, 2006, 11 (4): 66-71.

[160] Sun J, Bao X. Textural manipulation of mesoporous materials for hosting of metallic nanocatalysts [J]. Chemistry-A European Journal, 2008, 14 (25): 7478-7488.

[161] Taguchi A, Schth F. Ordered mesoporous materials in catalysis [J]. Microporous and Mesoporous Materials, 2005, 77 (1): 1-45.

[162] Takahashi K, Takezawa N, Kobayashi H. Mechanism of formation of methyl formate from formaldehyde over copper catalysts [J]. Chemistry Letters, 1983, 12 (7): 1061-1084.

[163] Takeuchi A, Katzer JR, Crcccly RW. Mechanism of ethanol formation: the role of methanol [J]. Journal of Catalysis, 1983, 82 (2): 474-476.

[164] Takeuchi A, Katzer JR. Ethanol formation mechanism form carbon monoxide+molecular hydrogen [J]. Journal of Physical Chemistry, 1982, 86 (13): 2438-2441.

[165] Thomas JM, Raja R, Lewis DW. Single-site heterogeneous catalysts [J]. Angewandte Chemie International Edition, 2005, 44 (40): 6456-6482.

[166] Tonner SP, Trimm DL, Wainwright MS. The base-catalysed carbonylation of higher alcohols [J]. Journal of Molecular Catalysis, 1983, 18 (2): 215-222.

[167] Torres Galvis HM, Bitter JH, Khare CB, Ruitenbeek M, Dugulan AI, de Jong KP. Supported iron nanoparticles as catalysts for sustainable production of lower olefins [J]. Science, 2012, 335: 835-838.

[168] Trong On D, Desplantier-Giscard D, Danumah C, Kaliaguine S. Perspectives in catalytic applications of mesostructured materials [J]. Applied Catalysis A: General, 2001, 222 (1-2): 299-357.

[169] van Daelen MA, Li YS, Newsam JM, van Santen RA. Transition states for NO and CO dissociation on Cu (100) and Cu (111) surfaces [J]. Chemical Physics Letters, 1994, 226 (1-2): 100-105.

[170] van der Laan GP, Beenackers AACM. Kinetics and selectivity of the Fischer-Tropsch synthesis: a literature review [J]. Catalysis Reviews: Science and Engineering. 1999, 41 (3-4): 255-318.

[171] van Santen RA. Complementary structure sensitive and insensitive catalytic relationships [J]. Accounts of Chemical Research, 2009, 42 (1): 57-66.

[172] van Steen E, Claey M. Fischer-Tropsch Catalysts for the Biomass-to-Liquid (BTL)-Process [J]. Chemical Engineering & Technology, 2008, 31 (5): 655-666.

[173] Vannice MA. Hydrogenation of CO and carbonyl functional groups [J]. Catalysis Today, 1992, 12 (2-3): 255-267.

[174] Vannice MA. The catalytic synthesis of hydrocarbons from H_2/CO mixtures over the group VIII metals: II. The kinetics of the methanation reaction over supported metals [J]. Journal of Catalysis, 1975, 37 (3): 462-473.

[175] Venter J, Kaminsky M, Geoffroy GL, Vannice MA. Carbon-supported Fe-Mn and K-Fe-Mn clusters for the synthesis of C_2-C_4 olefins from CO and H_2: I. chemisorption and catalytic behavior [J]. Journal of Catalysis, 1987, 103 (2): 450-465.

[176] Wachs IE, Dwyer DJ, Iglesia E. Characterization of Fe, Fe-Cu, And Fe-Ag Fischer-Tropsch catalysts [J]. Applied Catalysis A: General, 1984, 12 (2): 201-217.

[177] Wan H, Wu B, Zhang C, Xiang H, Li Y. Promotional effects of Cu and K on precipitated iron-based catalysts for Fischer-Tropsch synthesis [J]. Journal of Molecular Catalysis A: Chemical, 2008, 283 (1-2): 33-42.

[178] Wang C, Wang Q, Sun X, Xu L. CO hydrogenation to light alkenes over Mn/Fe catalysts prepared by coprecipitation and sol-gel methods [J]. Catalysis Letter, 2005, 105 (1-2): 93-101.

[179] Wang C, Xu L, Wang Q. Review of directly producing light olefins via CO hydrogenation [J]. Journal of Natural Gas Chemistry, 2003, 12: 10-16.

[180] Wang H, Li X, Xiong C, Gao S, Wang J, Kong Y. One-pot synthesis of iron-containing nanoreactors with controllable catalytic activity based on multichannel mesoporous silica [J]. ChemCatChem 2015, 7 (23): 3855-3864.

[181] Wang L, Li H, Tian J, Sun X. Monodisperse, Micrometer-scale, highly crystalline, nanotextured Ag dendrites: rapid, large-scale, wet-chemical synthesis and their application as SERS substrates [J]. ACS Applied Materials Interfaces, 2010, 2 (11): 2987-2991.

[182] Wang P, Kang J, Zhang Q, Wang Y. Lithium ion-exchanged zeolite faujasite as support of iron catalyst for Fischer-Tropsch synthesis [J]. Catalysis Letters, 2007, 114 (3-4): 178-184.

[183] Wang T, Wang J, Jin Y. Slurry reactors for gas-to-liquid processes: A review [J]. Industrial & Engineering Chemistry Research, 2007, 46 (18): 5824-5847.

[184] Xiong H, Moyo M, Motchelaho MA, Tetana ZN, Dube SMA, Jewell LL, Coville NJ. Fischer-Tropsch synthesis: iron catalysts supported on N-doped carbon spheres prepared by chemical vapor deposition and hydrothermal approaches [J]. Journal of Catalysis, 2014, 311: 80-87.

[185] Xiong H, Moyo M, Motchelaho MAM. Jewell LL, Coville N. Fischer-Tropsch synthesis over model iron catalysts supported on carbon spheres: the effect of iron precursor support pretreatment catalyst preparation method and promoters [J]. Applied Catalysis A: General, 2010, 388: 168-178.

[186] Zhang Y, Lin X, Li X, Wang C, Long Q, Ma L. Mesoporous Fe-based spindles designed as catalysts for Fischer-Tropsch synthesis of C_{5+} hydrocarbons [J]. New Journal of Chemistry, 2018, 42, 15968-15973.

[187] Xiong H, Zhang Y, Liew K, Li J. Fischer-Tropsch synthesis: The role of pore size for Co/SBA-15 catalysts [J]. Journal of Molecular Catalysis A: Chemical, 2008, 295 (1-2): 68-76.

[188] Xiong QQ, Tu JP, Lu Y, Chen J, Yu YX, Qiao YQ, Wang XL, Gu CD. Synthesis of hierarchical hollow-structured single-crystalline magnetite (Fe_3O_4) microspheres: the highly powerful storage versus lithium as an anode for lithium ion batteries [J]. Journal of Physical Chemistry C, 2012, 116 (10): 6495-6502.

[189] Xu J, Zhu K, Weng X, Weng W, Huang C, Wang H. Carbon nanotube-supported Fe-Mn nanoparticles: a model catalyst for direct conversion of syngas to lower olefins [J]. Catalysis Today, 2013, 215: 86-94.

[190] Xu JS, Zhu YJ, Chen F. Solvothermal synthesis characterization and magnetic properties of α-Fe_2O_3 and Fe_3O_4 flower-like hollow microspheres [J]. Journal of Solid State Chemistry, 2013, 199: 204-211.

[191] Xu R, Wang X, Wang D, Zhou K, Li Y. Surface structure effects in nanocrystal MnO_2 and Ag/MnO_2 catalytic oxidation of CO [J]. Journal of Catalysis, 2006, 237 (2): 426-430.

[192] Xuan S, Wang F, Lai JMY, Sham KWY, Wang Y-XJ, Lee S-F, Yu JC, Cheng CHK, Leung KC-F. Synthesis of biocompatible, mesoporous Fe_3O_4 nano/microspheres with large surface area for magnetic resonance imaging and therapeutic applications [J]. ACS Applied Materials Interfaces, 2011, 3 (2): 237-244.

[193] Xuan S, Wang Y-XJ, Yu JC, Leung KC-F. Preparation, characterization, and catalytic activity of core/shell Fe_3O_4@Polyaniline@Au nanocomposites [J]. Langmuir, 2009, 25 (19): 11835-11843.

[194] Yamashita K, Barreto L. Energy plexes for the 21st century: coal gasification for co-producing hydrogen, electricity and liquid fuels [J]. Energy. 2005, 30: 2453-2473.

[195] Yan A, Liu X, Yi R, Shi R, Zhang N, Qiu G. Selective synthesis and properties of monodisperse Zn ferrite hollow nanospheres and nanosheets [J]. Journal of Physical Chemistry C, 2008, 112 (23): 8558-8563.

[196] Yang J, Sun Y, Tang Y, Liu Y, Wang H, Tian L, Wang H, Zhang Z, Xiang H, Li Y. Effect of magnesium promoter on iron-based catalyst for Fischer-Tropsch synthesis [J]. Journal of Molecular Catalysis A: Chemical, 2006, 245 (1-2): 26-36.

[197] Yang Y, Xiang H-W, Xu Y-Y, Bai L, Li Y-W. Effect of potassium promoter on precipitated iron-manganese catalyst for Fischer-Tropsch synthesis [J]. Applied Catalysis A: General, 2000, 266 (2): 181-194.

[198] Ying JY, Mehnert CP, Wong MS. Synthesis and applications of supramolecular-templated mesoporous materials [J]. Angewandte Chemie International Edition, 1999, 38 (1-2): 56-77.

[199] Zhang CH, Yang Y, Teng BT, Li TZ, Zheng HY, Xiang HW, Li YW. Study of an iron-manganese Fischer-Tropsch synthesis catalyst promoted with copper [J]. Journal of Catalysis, 2006,

237 (2): 405-415.

[200] Zhang HB, Schrader GL. Characterization of a fused iron catalyst for Fischer-Tropsch synthesis by in-situ laser Raman-spectroscopy [J]. Journal of Catalysis, 1985, 95 (1): 325-332.

[201] Zhang J, Fang K, Zhang K, Li W, Sun Y. Carbon dispersed iron-manganese catalyst for light olefin synthesis from CO hydrogenation [J]. Korean Journal of Chemical Engineering, 2009, 26 (3): 890-894.

[202] Zhang Q, Kang J, Wang Y. Development of novel catalysts for Fischer-Tropsch synthesis: tuning the product selectivity [J]. ChemCatChem, 2010, 2 (9): 1030-1058.

[203] Zhang Y, Ding M, Ma L, Wang T, Li X. Effects of Ag on morphology and catalytic performance of iron catalysts for Fischer-Tropsch synthesis [J]. RSC Advances, 2015, 5: 58727-58733.

[204] Zhang Y, Ma L, Tu J, Wang T, Li X. One-pot synthesis of promoted porous iron-based microspheres and its Fischer-Tropsch performance [J]. Applied Catalysis A: General, 2015, 499: 139-145.

[205] Zheng C, Apeloig Y. Bonding and coupling of C_1 fragments on metal surfaces [J]. Journal of the American Chemical Society, 1988, 110: 749-774.

[206] Zhang Y, Wang T, Ma L, Shi N, Zhou D, Li X. Promotional effects of Mn on SiO_2 encapsulated iron-based spindles for catalytic production of liquid hydrocarbons [J]. Journal of catalysis. 2017, 350, 41-47.

[207] Zhu M, Diao G. Synthesis of porous Fe_3O_4 nanospheres and its application for the catalytic degradation of xylenol orange [J]. Journal of Physical Chemistry C, 2011, 115 (39): 18923-18934.